石油钻机
电气故障处理及案例分析

李联中　孟祥卿　周永红　董呈彬　著

中国石化出版社

内 容 提 要

本书从钻井现场电气人员的角度出发，针对石油钻机电控系统的现场调试和维护维修过程中可能遇到的各种不同的电气故障，以及不同控制系统在运行过程中实际出现的各种故障，提出不同的故障排除方法，并对各种设备故障的排除进行了案例分析，为石油钻井现场设备管理人员提供了可靠的技术参考。

本书可供石油工程设备管理人员、电气工程师阅读，也可供石油行业各级管理人员、技术培训人员及高等院校相关专业师生参考。

图书在版编目(CIP)数据

石油钻机电气故障处理及案例分析／李联中等著.
—北京：中国石化出版社，2021.9（2023.5 重印）
ISBN 978-7-5114-6456-9

Ⅰ.①石… Ⅱ.①李… Ⅲ.①油气钻井-钻机-故障修复 Ⅳ.①TE922

中国版本图书馆 CIP 数据核字（2021）第 186898 号

中国石化出版社出版发行
地址：北京市东城区安定门外大街 58 号
邮编：100011 电话：(010)57512500
发行部电话：(010)57512575
http://www.sinopec-press.com
E-mail:press@sinopec.com
北京柏力行彩印有限公司印刷
全国各地新华书店经销
*
710×1000 毫米 16 开本 12.25 印张 228 千字
2021 年 10 月第 1 版 2023 年 5 月第 2 次印刷
定价：98.00 元

前言

PREFACE

随着石油、天然气开发难度进一步加大，国内钻井市场中定向井、水平井、大位移井、超深井等井型越来越普遍，各种新式钻井工具、钻井工艺应运而生，这些钻井模式对石油钻机的技术性能提出了越来越高的要求。在这种背景下，电驱动钻机凭借传动效率高、设计功率大、智能化及自动化程度高、操作方便、安装快捷等一系列优势，在深井、超深井钻机中占据主流位置。

石油钻井电驱动钻机电气技术是一门综合性技术，它集成了电气、自动控制、机械、液压、气控等各学科知识。钻机电控系统既有强电回路、又有弱电控制；既有硬件部分，又有程序软件控制。形式内容复杂，钻井现场设备故障解决难度较大。目前，国内贴近钻井一线对于电驱动钻机电气设备故障处理方面的书籍比较少。笔者作为钻井现场电气设备维护人员、钻井公司设备管理科现场服务工程师及管理人员，在基层工作多年，参与了多起电气故障维修、电气系统改造及各类型钻机配套工作。多年的现场从业经验、工作感受，使我们有一种强烈的责任感，来编写一部贴近现场、服务基层钻井电气工程师的故障处理技术及案例总结方面的书籍。

本书从钻井现场电气设备维护人员的思维角度出发，从电气故障处理技术思路入手，对石油钻井电驱动钻机可能出现的各种故障进行汇总整理。许多案例是现场极易出现、但处理起来难度非常大的故障，通过确诊把脉、剥丝抽茧一步步找出问题所在，为故障处理提供了很好的思路和办法，可以说是一本非常接地气的书。

本书在编写过程中，得到了东营市汉德自动化集成有限公司的大力支持和帮助；在案例搜集整理过程中，得到了胜利工程公司徐鸿伟、贾波、涂志刚等电气工程师的帮助，在此一并表示衷心的感谢！

石油钻机电气工程排除及维修案例涉及的内容点多面广，由于作者学识有限，加之时间紧迫，书中难免有错误与疏漏之处，敬请各位读者批评指正。

目 录

CONTENTS

第1章 电驱动石油钻机电气故障处理概述

在石油钻机电控系统的现场调试和维护维修过程中，会遇见各种不同的电气故障，如何根据故障现象快速查找故障点并将其排除，是钻井队电气设备维护人员所要具备的基本素质。根据故障现象分析故障原因，找出故障点，迅速排除故障，最后对故障排除过程进行记录总结，这是完整的故障处理过程。

故障原因分析的基础是电气理论知识，是对电气装置构造、原理、性能的充分理解，并与故障实际的结合。某一电气故障产生的原因可能很多，关键是在众多原因中找出主要原因，并将故障排除，保证系统正常运行。钻井作业现场环境一般较差，后勤保障、备件组织困难，且钻井是高风险行业，关键设备的正常连续运转必须得到保证，否则会造成井下复杂甚至有卡钻的风险，因此现场人员必须要熟悉系统原理和设备性能参数，掌握必要的应急处置方法，确保故障出现时，能迅速查找出原因，并将其排除。

1.1 排除故障的基础

排除故障的基础是指排除故障时所具备的必要条件。要想彻底排除故障，解决实际当中所面临的问题，就必须要搞清楚故障发生的原因。要想迅速查明故障原因和故障点，除了在工作中不断积累经验，更重要的是能从理论上分析，解释事故发生的原因，用理论指导自己的操作，灵活运用所掌握的基础知识并结合实际工作处理就会游刃有余。但是，技术水平的提高、维修经验的积累，需要一个漫长的过程。

1.1.1 对维修人员的素质要求

电气设备是技术密集型和知识密集型的机电一体化产品，其技术先进、结构复杂、价格昂贵，在生产上往往起着关键作用，因此对维修人员有一定的要求。维修工作做得好坏，首先取决于维修人员的素质，作为一名维修人员必须具备以下条件：

① 专业知识面广。应具有中专以上的文化程度，掌握或了解计算机原理、电子技术、电工原理、自动控制与电力拖动、检测技术、机械传动及机械加工工艺方面的基础知识。既要懂电，又要懂机。电包括强电和弱电；机包括机械、液压和气动技术。对于钻井现场的电气工程师，要掌握 PLC、变频器的工作原理、参数设置及维修方法，同时也要掌握 STEP7、starter 等软件的使用。

② 勤于学习，善于分析。电气维修人员应该是一个勤于学习的人，不仅要有较广的知识面，而且需要对所需排除故障的电气系统有深入的了解。电气维修人员需要有一个善于分析的头脑。有些故障现象其起因往往不是显而易见的，它涉及机、电、液、气各种知识和应用。所以在这众多的故障起因和现象面前作出正确的分析判断是至关重要的。实际工作中，往往动脑筋的时间比动手的时间还长，一旦找出故障点，相对而言，修复是比较简单的。

③ 有较强的动手能力和实践技能。电气系统的修理离不开实际操作，维修人员应会动手对所修系统进行操作，查看报警信息，检查、修改参数，调用自诊断功能，对机床进行手动和试运行操作；应会使用维修所必需的工具、仪表和仪器。对维修人员来说，胆大心细，既敢于动手，又细心有条理是非常重要的。所谓“心细”就是在动手检修时，要先熟悉情况、后动手，不盲目蛮干；做到在动手过程中要稳、要准。

1.1.2 必要的技术资料和技术准备

维修人员应认真整理和阅读有关电气控制系统的重要技术资料。维修工作做得好坏，排除故障的速度快慢，主要决定于维修人员对系统的熟练程度和运用技术资料的熟练程度。以下分几方面谈谈进行电气故障维修时所必需的技术资料和技术准备：

① 关于维修资料方面的问题

电气设备维修中的一个常见问题是资料不全，往往只有强电部分的电气原理图或者设备使用说明书。关于设备的主要控制系统(如：钻机电控系统原理图、变频器、直流调速器的使用手册等)，部分资料则非常少，最多只有一本操作手册，而系统结构，特别是电路图一般都不会有。为此给维修工作造成很大的困难，我认为这个问题可以从以下几方面着手解决：

a. 在签订设备购买合同时，要努力争取设备供应商尽可能多提供日后维修所需的各种资料(如：钻机电控系统安装、使用、操作和维修方面的技术说明书，其中包括电控系统工控机使用、监控及其操作，电控系统电气原理图、布置图以及接线图。对电气维修人员来说还需要钻机的液压原理图和气控原理图)。

b. 在设备调试验收阶段，维修人员利用向设备生产厂家的技术人员和调试人员学习的机会，尽可能多地记录，收集各种维修所需要的资料、数据和方法，将这些资料收集整理以供日后维修参考。

c. 平时可通过各种途径搜集资料，例如通过有关的电气杂志、技术书籍，通过与同行之间的交流或互联网查询等获取所需资料。

d. 日常维修中，在进行检查修理的同时，要将故障部分电路测绘出来，经过校对核实，整理出故障部分的图样。通过日积月累，就会将经常出故障的部分的电路图整理出来。

e. 其他有关电气控制系统内的元器件方面的技术资料应常备，如数控设备所用的元器件清单、备件清单以及各种通用的元器件手册。维修人员应熟悉各种常用的元器件，一旦需要，能较快地查阅有关元器件的功能、参数及代用型号。

② 关于必要的备件问题

对于电气系统的维修，备品备件是一个必不可少的技术准备手段，在遇到故障时如无备件可调换或使用，无形中会拖延排除故障的时间和增加维修的难度。而且维修人员手头上备有一些主控电路板的话，将给排除故障带来许多方便，采用换板法可迅速判断出一些疑难故障发生在哪块电路板上。电气系统备件的配置要根据实际情况，通常一些易损的电气元器件（如各种规格的熔断器、熔体、开关、接触器、电刷，还有易出故障的不同功率的可控硅和印刷电路版等）均应适当配置。这里对备件的管理问题不做详细讨论，仅对在维修中备件的几个解决方法作简要陈述：

a. 修复。维修中，对换下来的有问题的元器件，在有条件的情况下应尽可能地进行修复。当没有条件的时候，也应委托有修理条件的专业维修部门去修理。

b. 代用。在大多数情况下，许多电气元器件是可以用其他类似规格、型号的元器件替代的（如：接触器、可控硅模块、电阻器、电容器、快熔、稳压管、三极管、场效应管等）。维修人员应掌握相关电气元器件的工作原理、特性参数及替代方法。

c. 制作与改造。维修中，当某个电气元器件坏了，但买不到备件时，为了不影响生产，可以考虑对电路进行一些小的改动，改用其他的元器件去完成同样的功能。

③ 了解设备的运动形式和各元器件在设备的具体位置及线路的布局。对电气设备进行维修时，首先要弄懂并熟练掌握设备的电气控制原理图，了解设备的运动形式，以及对不明白的电气设备的控制提出质疑，是弄懂设备电气控制工作原理的基础。熟练掌握电气控制工作原理，并比较该设备的电气控制特点，是排除故障非常重要的基础。另外，实现电气原理图与实际配线的一一对应，是提高故障排除速度的基础。做到这一点，可以对设备有进一步的了解，并能够加深印

象和感性认识，并且在出现故障使用检测手段时，能够准确有效地找到测试点，以防止误判断，同时也能缩小故障范围。

1.2 电气故障排除的一般原则

在石油钻机电控系统调试和维修过程中，能准确查明故障原因和故障点，合理正确地排除故障，对提高现场生产效率，减少经济损失和确保安全生产都有重大意义。在对电气故障进行诊断时，应遵循先外后内、先简后繁、先熟后生、先硬件后软件、先备后用的基本原则，以便能够尽快找到故障原因和位置。电气故障处理的一般原则为：

（1）应保证相关操作人员及钻机系统的安全。当电气故障对人身和设备造成严重威胁时，应迅速报告现场负责人员并采取紧急措施，如切断设备电源、停机或系统急停等。

（2）应防止故障范围扩大，减少经济损失。凡对系统运行无重大影响的设备发生故障时应隔离操作，迅速切断故障点，保护电路未正确动作时应手动操作执行，然后根据现场生产状况及时处理。

（3）在检查及排除电气故障过程中，应严格遵守电气操作规范及设备操作说明书规定，防止因检查操作不当造成新的故障点。

（4）在排除电气故障的过程中，应遵循先分析判断、再检查确定的原则，要做到每次测量均有明确目的。在找出有故障点的元器件后，应进一步确定引起故障的根本原因。

1.3 电气故障排除的一般步骤

电气故障排除没有固定模式，也没有统一标准，因人而异，因事而异。通常排除故障时，所采用步骤大致可分为：故障现象分析—测量检查—确定故障点—故障排除—排除后性能观察—故障排除过程记录总结。

1.3.1 故障现象分析

故障分析是对所有可能存在有关故障的原始状态信息进行收集和判断的过程。在故障现象受到干扰以前，对所有信息都应进行仔细分析。这些原始信息一般可以从以下几个方面获得：

① 向操作者详细询问设备故障现象。通过询问以获得设备使用及变化过程、损坏前后情况信息，还可以了解到一些过去类似故障现象、原因以及曾经采取的措施等基本情况。

② 观察和初步检查。通过直接观察，检查是否发生如破裂、杂声、异味、过热等特殊现象。对设备进行全面观察往往会得到有价值的线索。初步检查的内容包括检查装置(操作指示灯、传动装置的报警、故障代码、工控机报警信息等)、操作开关的位置以及控制机构、联锁信号装置等。

③ 确定无危险情况下通电试车。一般情况下应要求操作人员按正常操作程序启动设备，如果故障不是整机性的致使电气控制系统瘫痪的故障，可以采用试运转方法启动设备。这样可以帮助维修人员对故障原始状态有更深刻认识，帮助维修人员收集更多故障原始信息，以便对现有实际情况作分析，并从中推导出最有可能存在故障区域的线索，作为下一步设备检查的参考，需要注意不要根据不确切迹象或不充分信息过早作出判断。

1.3.2 设备检查

根据故障现象分析中得到的初步结论和疑问，对设备进行更进一步检查，特别是那些被认为最有可能存在故障的区域。要注意这个阶段应尽量避免对设备作不必要的拆卸，防止因不慎重的操作引起更多故障。不要轻易对控制装置的程序、参数进行调整，因为一般情况下，故障未排除而盲目调整参数会掩盖症状，而且会随着故障的发展使症状重新出现，甚至可能造成更严重故障。所以必须避免盲目性，防止因不慎重操作使故障复杂化，避免造成症状混乱反而延长排除故障的时间。

1.3.3 确定故障点

根据故障现象，结合设备原理及控制特点进行分析和判断，确定故障发生在什么范围，是电气故障还是机械故障、是直流回路还是交流回路、是主电路还是控制电路或辅助电路、是电源部分还是参数调整不合适造成的、是人为造成还是随机性的等等，逐步缩小故障范围，直至找到故障点。如果缺少系统诊断资料，需要维修人员正确地将整个设备或控制系统划分为若干个小部分，然后检查这些部分的输入和输出是否正常。在确定某一部分原因时，再去关注该部分内部的问题，找出故障点。

1.3.4 故障排除

在确定故障点以后，无论是修复还是更换，排除故障对于现场工程师来说，一般比查找故障要简单得多。但在排除故障中一般不可能只用单一方法，往往多种方法综合运用。

① 在排除故障过程中，应先动脑、后动手，正确分析可以起到事半功倍的效果。具体应遵循先外部后内部、先机械后电气、先静后动、先公用后专用、先

简单后复杂、先一般后特殊的原则。需要注意的是，不要一遇到故障，拿起表就测，拿起工具就拆。要养成良好的分析、判断习惯，要做到每次测量均有明确目的，即明确测量结果能说明什么。在找出有故障点的元器件后，应该进一步确定引起故障的根本原因。

② 一般情况下，以设备的动作顺序为排除时分析、检测的次序。以此为前提，先检查电源，再检查线路和负载；先检查公共回路再检查各分支回路；先检查主电路再检查控制电路；先检查容易检测的部分(如各控制柜)，再检查不易检测的部分。

1.3.5 维修后性能观察

故障排除完以后，现场工程师在送电前还应做进一步检查，通过检查证实故障确实已经排除，然后由操作人员来试运行操作，以确认设备是否已正常运转，同时还应向有关人员说明应注意的问题。值得注意的是，修复后再做检查时，要尽量使电气控制系统或电气设备恢复原样，并清理现场，保持设备的干净、卫生。另外，维修人员所使用的工具、线缆等一定不要遗留在所修设备电气柜内，以免造成短路或触电事故发生。

1.3.6 故障排除过程记录

故障排除过程的记录、总结提高在现实中往往被现场工程师所忽略，其实这恰恰是一个很重要的环节。故障记录、总结提高是对整个故障排除过程的一次认真梳理，它能更好地帮助你排除干扰、理清思路，分析自己在故障解决过程中走了哪些弯路、被什么故障现象所误导、哪些方法需要改进、哪些做法值得肯定。故障记录、总结提高对于现场工程师经验积累、综合业务水平提高都有很好的帮助。

1.4 电气故障排除的常用方法

解决电控系统故障是钻井现场工程师的一项重要工作，要彻底排除故障，必须清楚故障发生的原因，更重要的是能从理论上分析、解决问题，这需要现场工程师具有一定的专业理论知识，以及掌握一些排除故障的常用方法。

1.4.1 常规检查法

依靠人的感觉器官(如电气设备在使用中有烧焦的煳味、痕迹，打火、放电的现象等)或借助于一些简单仪器仪表(如万用表、兆欧表、示波器)来寻找故障原因。这种方法在维修中最简单常用，也是首先采用的。

1.4.2 原理分析法

根据电气控制系统的组成原理图，通过追踪与故障相关联的信号，进行分析判断，找出故障点，查出故障原因。使用本方法要求维修人员对整个系统和单元电路的工作原理要有清楚的认知、理解。

1.4.3 常规电气参数测量法

① 电阻测试法。电阻测试法是一种常用的测量方法，通常是指利用万用表的电阻挡，测量电机、线路、触头等是否符合使用标准值以及通断的一种方法，或用兆欧表测量相与地之间的绝缘电阻。测量时，应注意选择所使用的量程，以及校对表的准确性，一般使用电阻法测量时通用做法是先选用低档，同时要注意被测线路是否有回路，并严禁带电测量。

② 电压测试法。电压测试法是指利用万用表相应的电压挡，测量电路中电压值的一种方法。通常测量时，有时测量电源、负载的电压，有时也测量开路电压，以判断线路是否正常。测量时应注意表的档位，选择合适的量程，一般测量未知交流或开路电压时通常选用电压的最高档，以确保不至于在高电压低量程下进行操作，以免把表损坏，伤及操作者；同时测量直流时，要注意万用表的正负极性。

③ 电流测试法。电流测试法是通常测量线路中的电流是否符合正常值，以判断故障原因的一种方法。对弱电回路，常采用将电流表或万用表电流挡串接在电路中进行测量；对强电回路，常采用钳形电流表检测线路电流值。

1.4.4 仪器测试法

借助各种仪器仪表测量各种参数，如用示波器观察波形及参数的变化，以便分析故障的原因。钻井现场多用于检测可控硅测触发电路脉冲波形，以及通过直流输出电压波形查找有故障的 SCR 元件。

1.4.5 比较、分析、判断法

比较、分析、判断法是根据电控系统的工作原理，控制环节的动作程序以及它们之间的逻辑关系，结合故障现象，进行综合比较、分析和判断，减少测量与检查环节，并迅速判断故障范围。该方法要求维修者具备一定的现场维修、工作经验及较高的业务水准。

1.4.6 更换元器件法

在故障判定中，当怀疑某个元器件或电路板有故障但不能确定时，如果有备用件，可替换试验，看故障是否消失。在使用这种方法时要注意，不仅硬件接线要正确交换，还要将一系列相应的参数交换，否则不仅达不到目的，反而会产生新的故障造成思维混乱，一定要事先考虑周全，设计好软、硬件交换方案，准确无误再行交换检查。

1.4.7 调整参数法

有些装置出现故障时，线路中元器件不一定损坏，线路接触也良好，只是由于某些物理量调整得不合适或运行时间长了，有可能因外界因素致使系统参数发生改变或不能自动修正系统值，从而造成系统不能正常工作，这时应根据设备的具体情况进行参数调整。

1.4.8 利用工控机在线监控法

程序在线监控可以快速高效地判断出故障点，极大缩短维修时间。一台设备出现故障时，通过工控机或电脑进入 PLC 程序，然后利用 STEP7 软件进行在线监控，查看故障设备对应程序段，就能很快找出故障点。该方法虽然可以快速、有效地判断出故障点，但是它要求电气维修人员要熟悉工控机、PLC 编程以及 STEP7 软件等。

1.4.9 信号与报警指示检查法

信号与报警指示检查法主要是针对变频器故障、各种有状态或故障指示的电器以及 PLC 故障。在变频器出现故障时，安装在变频器上的控制面板就会显示相应故障代码，查看变频器使用手册就可以通过里面的提示查出故障并解决。此外，PLC 数据输入、输出模块以及通信模块上也有很多故障和状态指示灯。通过这些指示灯的指示状态也可以查出相应故障点。这要求电气维修人员要熟悉整套系统控制信号间的逻辑关系以及对应控制信号的地址。

1.4.10 逐级检测法

逐级检测法多用于检查 MCC(电机控制中心)控制单元的故障。在使用该方法前，首先要分清是控制回路的故障还是电源回路的故障，然后再对控制回路或电源回路进行逐级监测。使用这种方法的缺点是要带电操作，因此电气维修人员务必小心，且要做好足够的防护准备。另外在带电检测时需要有监护人员，以防突发情况发生。

以上是在石油钻机电控系统故障排除中的几种常用方法，这些方法可以单独使用，也可以混合使用，同时故障排除时也不拘泥于这些方法，在现场要做到具体情况具体对待，以及灵活掌握运用的原则。

1.5 电气故障排除的一些技巧

一般电气故障排除的技巧，实际上大多来源于现场工程师工作经历及排除各种电气故障经验的累积，技巧只是他们电气理论知识、业务水平、工作经验的灵活运用。以下介绍几种在排除钻机电控系统电气故障中比较简单快捷的方法技巧：

（1）注意观察装置信号灯与报警指示，报警指示是指各电子、电气装置上的各种状态和故障指示灯，结合指示灯状态和相应的功能说明便可获知指示内容、故障原因及排除方法。

（2）PLC 程序监测，钻机电控系统设计有完善的故障诊断程序，一旦发现故障会立即报警并在工控机上显示报警信息，查看报警信息，监控相应的 PLC 程序块，便可确定故障来源。

（3）交叉对比，当发现功能模块、电路板或者不能确定是否为故障元器件引起的故障，而又没有备件的情况下，可将系统中相同或兼容的 2 个元器件、电路板、功能模块或者外拖设备互换后试运行，即可确定故障。

（4）调试系统通信时，若通信不能建立可检查：PLC 中硬件配置是否与实际一致、各站通信地址是否与 PLC 中硬件配置相符、通信线路是否接好、总线连接器终端电阻的位置、屏蔽是否接好。

（5）MODBUS 模块通信中断可检查：MODBUS 供电 24V 电压是否正常、总线连接器是否有异常、MODBUS 的信号线 A-、B+通道是否正确、程序中的控制字是否正确。

（6）在分析、判断和排除故障过程中，凡是涉及程序、参数或控制线路的改动，一定要对自己做过的改动记录在案，一旦出现不可控制的后果，要立即将改动过的内容恢复。

第2章 电驱动石油钻机通用故障的排除及维修

电驱动石油钻机主要驱动形式有AC-AC电驱动、DC-DC电驱动、AC-SCR-DC电驱动、AC-DC-AC变频电驱动等。目前常用的主要有两种驱动形式，分别是AC-SCR-DC电驱动、AC-DC-AC变频电驱动，也就是我们所说的直流电驱动钻机和交流变频电驱动钻机。电驱动钻机的电气控制系统主要有以下几个部分组成：柴油发电机组及其控制装置、电传动系统及其控制设备、电气液控制系统、辅助刹车及其控制系统、井场电路等，本章讲述这几部分的通用故障及其排除方法。

2.1 柴油发电机组及控制系统常见故障处理方法

我国石油钻井按工作环境可分为海洋钻井、沙漠钻井和陆地钻井，无论是在海洋、沙漠还是陆地，它们都有个共同点就是远离市政供电电网，不能从公共电网上获取能源。大功率柴油发电机组作为运行独立、搬迁运输方便的功能单元，能够为石油钻机提供独立、稳定的电源，是石油钻井行业中不可缺少的关键设备。发电机组的安全、可靠运行对于钻井施工的重要意义不言自明，发电机出现故障时如何能快速、准确地找出故障点、排除故障，对于保证钻井作业的连续性和安全性具有重要意义。

2.1.1 一般性故障分类

发电机组及其控制系统是一个组成复杂、运行控制精度高、故障多发的装置，它的复杂性主要表现在以下几个方面：①按结构可以把发电机系统分为定子、转子、保护装置等，这些子系统单元的稳定工作以及相互间正确协调，才能保证整个发电机系统的正常运行；②发电机内部至少包括以下几个独立的又相互关联的工作系统：电路系统、磁路系统、机械系统、绝缘系统、通风散热系统等；③与简单的机械相比，控制系统的大部分运行参数间无严格逻辑和定量关系，不能用数学模型来准确表示。按照钻井现场经常出现的问题，可将发电机故障分为：相间故障、定子匝间故障、铁芯故障、内部引线故障、定子绕组开路、定子接地转子接地、异常故障(发电机发生失磁、过电压、过励磁、失步、频率变化等事故中的任何一种造成保护装置动作跳闸的故障)、外部故障(指外部单相接地、两相接地、两相短路、三相短路等)等，这些故障都会严重影响发电机的正常运行，甚至造成事故发生。

2.1.2 模拟发电机控制系统常见故障及处理方法

发电机组在运行中会不断受到振动、发热、电晕等各种机械力和电磁力的作用，加之由于设计、制造、运行管理以及系统故障等原因，常常引起发电机温度升高、转子绕组接地、定子绕组绝缘损坏、励磁机碳刷打火、发电机过负载等故障。柴油发电机组运行中常见的一些故障分析如下(以 ROSSHILL 系统为例，具体端子号请参看相关手册)。

2.1.2.1 柴油机不能启动

① 首先检查柴油机供油回路，检查供油管线中是否混有空气，供油压力是否满足要求，检查柴油滤芯；另外检查气源供气压力，当供气压力低或气瓶中含水较多时，柴油机启动马达的转速过低也不能将柴油机正常启动。

② 使用万用表检测发电机控制柜中 24V 蓄电池供电电压是否正常，电压较低时，应及时更换(蓄电池是有一定寿命的，当使用年限较长，充放电次数较多时，需要及时更换)。

③ 柴油机执行器信号故障，包括控制柜执行器控制信号输出电压、电流值不正常，此时应测量交流模块“+”端(TB11-1)和“-”端(TB11-2)之间的电阻，正常阻值应为 30~36Ω。测量交流组件到执行器的电流值，当柴油机空载运行时该电流应为 30~60mA，如果无电流或电流太小，需要更换交流组件。

④ 转速传感器故障

对于转速传感器故障的解决应首先检查线路连接是否完好，其次检查转速传感器本身故障。当转速传感器发生故障时，首先检查交流模块上给脉冲采集电路的供电电压，即交流模块 510 端子和 512 端子是否分别为+12V 和-12V。对于使用网电设备，此处尤其应该注意，长时间放置电瓶有可能馈电。再者检查 526 端子和 527 端子之间的电阻值是否正常(现场测量为 140~145Ω 之间)。

2.1.2.2 柴油机转速故障

① 柴油机转速不稳

首先怀疑转速传感器故障，传感器故障排除同上所述。其次是交流模块故障，在柴油机转速调节控制中，转速调节控制电路的主要部分集中在交流模块组件中，也称转速调节单元。主要包括：柴油机转速传感器及其信号变换电路；柴油发电机组频率解调电路；控制系统电子开关电路；转速调节控制电路；运行状态控制电路；并网运行及有功功率分配电路等。再次是执行器(调速器)信号故障，执行器是调节柴油机油门大小的装置，执行器出现故障将使整个调速系统紊乱，故障排除方法为测量执行器信号电压、电流值，如有异常，及时更换交流模块。

② 柴油机发出电源频率达不到50Hz

发电机组发出电源的频率达不到50Hz时，可能原因是从变压器T10来的交流电压未输至交流组件，即交流组件没有检测到该反馈信号。使用万用表查找母线排至T10变压器，T10变压器到交流组件间的故障点，并排除掉。若使用EG-B-3P执行器时，应保证速度调节旋钮设置在最大位置。

③ 柴油机转速偏低或欠频导致断路器跳闸

交流控制组件上的547端没有信号将引起该故障，将速度给定设定到50Hz，并测量547端的电压，该电压应为+6VDC，发电机速度给定的调节范围为0~+11VDC。若547端电压不正常，查找原因并维修或更换交流模块。

2.1.2.3 发电机发出电压不正常的可能原因

① 柴油机转速太低。在启动时如果发电机母线上没有电压，可将转速升到“运行”状态再观察母线电压。

② 发电机剩磁电压不足。在励磁机“+”端和励磁机“-”端(发电机端子板PC11-01和PC11-10)之间检测剩磁电压，在启动期间至少为1VDC，满速时检测发电机的剩磁电压，应为15~20VAC。如果以上两项都不存在，表明发电机剩磁不足，给励磁机充磁。

③ 发电机转子整流器中二极管短路。使用万用表检测发电机转子端面上旋转整流器整理桥的二极管是否有一个或多个烧坏的情况，如有烧坏，请及时更换旋转整流器。

④ 励磁模块烧坏。使用万用表、示波器等仪器仪表检查、测量发电机柜中励磁电路板或励磁模块的输出端信号是否正常，不正常时应及时更换励磁电路板。

2.1.2.4 发电机电压不能调节的故障原因

交流组件551端电压偏低将会引起该故障，确认电压调节旋钮设置在一半位置，测量551端电压，当发电机输出600VAC时，该电压约为+6VDC，发电机电压给定调节时，551端电压变化范围为0~11VDC。若该电压不正常，查找原因并更换。

2.1.2.5 发电机非同期并列

发电机用准同期法并列时，应满足电压、周期、相位相同这三个条件，如果操作不当或其他原因，并列时没有满足这三个条件，发电机就会非同期并列，它可能使发电机损坏，并对系统造成强烈冲击。当待并网发电机与系统电压不相同时，两者存有电压差，在并列时就会产生一定的冲击电流。一般当电压相差在±10%以内时，冲击电流不会太大，对发电机也没有什么危险。如果并列时电压相差较多，特别是大容量发电机并列时，如果其电压远低于系统电压，那么在并列时除了产生很大的电流冲击外，还会使系统电压下降，可能使事故扩大。一般在并列时，应使待并网发电机的电压稍高于系统电压。

如果待并网发电机电压与系统电压的相位不同，并列时引起的冲击电流将产生同期力矩，使待并网发电机立刻牵入同步。如果相位差在±300 以内时，产生的冲击电流和同期力矩不会造成严重影响。如果相位差很大时，冲击电流和同期力矩将很大，可能达到三相短路电流的 2 倍，它将使定子线圈和转轴受到一个很大的冲击应力，可能造成定子端部绕组严重变形、联轴器螺栓被剪断等严重后果。为防止非同期并列，有些电控厂家在手动准同期装置中加装了电压差检测装置和相角闭锁装置，以保证在并列时电压差、相角差不超过允许值。

2.1.2.6　发电机温度异常升高的故障原因

① 定子线圈温度和进风温度正常，而转子温度异常升高，这时可能是转子温度表失灵，应做检查。发电机三相负荷不平衡超过允许值时，也会使转子温度升高，此时应立即降低负荷，并设法调整系统以减少三相负荷的不平衡度，使转子温度降到允许范围之内。

② 转子温度和进风温度正常，而定子温度异常升高，可能是定子温度表失灵。测量定子温度用的电阻式测温元件的电阻值有时会在运 行中逐步增大，甚至开路，这时就会出现某一点温度突然上升的现象。

③ 当进风温度正常而出风温度异常升高，这就表明通风系统失灵，这时必须停机进行检查。有些发电机组通风道内装有导流挡板，如因操作不当引起通风受阻，这时应检查挡板的位置并纠正之。

2.1.2.7　发电机定子绕组损坏

发电机由于定子线棒绝缘击穿、接头开焊等情况将会引起接地或相间短路故障。当发电机发生相间短路事故或在中性点接地系统运行的发电机发生接地时，由于在故障点通过大量电流，将引起系统突然波动，同时在发电机旁往往可以听到强烈的响声，视察窗外可以看见电弧的火光，这时发电机的继电保护装置将立即动作，使主开关、励磁开关跳闸，发电机停止运行。操作机构失灵没有跳闸时，应立即手动将其跳闸，然后对差动保护范围内的设备进行检查，当发现设备有烧损、闪烙等故障时应立即进行检修。发现任何不正常情况时，应用 2500V 摇表测量一次回路的绝缘电阻，如测得的绝缘电阻值换算到标准温度下的阻值与以往测量的数值比较，下降 1/5 以下时，就必须查明原因，并设法消除。如测得的绝缘电阻值正常，则发电机可从零起升压后并网运行。

2.1.2.8 发电机转子绕组接地

发电机转子因绝缘损坏，绕组变形，端部严重积灰，将会引起发电机转子接地故障，转子绕组接地分为一点接地和两点接地。转子一点接地时，线匝与地之间尚未形成电气回路，因此在故障点没有电流通过，各种表计指示正常，励磁回路仍能保持正常状态，只是继保信号装置发出“转子一点接地”信号，其发电机可以继续进行。但转子绕组一点接地后，如果转子绕组或励磁系统中任一处再发生接地，就会造成两点接地。转子绕组发生两点接地故障后，部分转子绕组被短路，因为绕组直流电阻减小，所以励磁电流将会增大。如果绕组被短路的匝数较多，就会使主磁通大量减少，发电机向电网输送的无功出力显著降低，发电机功率因数增高，甚至变为进相运行，定子电流也可能增大。同时由于部分转子绕组被短路，发电机磁路的对称性被破坏，它将引起发电机产生剧烈的振动，这时凸极式发电机更为显著。转子线圈短路时，因励磁电流大大超过额定值，如不及时停机，切断励磁回路，转子绕组将会烧损。转子绕组发生匝间短路事故时，情况与转子两点接地相同，但一般这时短路的匝数不多，影响没有两点接地严重。如果转子两点接地保护装置投入，则它的继电器也将动作，此时应立即切断发电机主断路器，使发电机与系统解列并停机，同时切断励磁开关，把磁场变阻器放在电阻最大位置，待停机后对转子和励磁系统进行检查。

2.1.2.9 发电机功率分配不均

柴油发电机组的控制单元设计了对柴油机转速控制的并联运行中各机组的主从逻辑控制电路，实现向交流母线供电的各柴油发电机组有功功率均衡分配。在电流调解电路的给定和转速调节电路的输出之间设置主从控制开关，交流模块544端为主从控制端，在网时为电压-16V，不在网电压为+10V，可以通过万用表测各机组的主从端电压来判断故障。同时模块上D34、D35、D44、D45、R60、R69等都起作用，出现分配不均故障时可以通过更换备用模块来排除故障(更换模块时要注意R58和C45的值)。用示波器检查AC组件下列端子之间的电压：519-520、521-522、523-524，被测电压在空载时应为零，满载时应为+2.4VDC，如果上述端子间的电压不正常，需查找故障并修理或更换交流模块。

2.1.3 数字控制发电机系统常见故障及处理方法

数字发电机控制系统凭借着控制精确、操作方便、抗干扰能力强、故障率低、维修方便等优点，在近年来国内生产的石油钻机中逐渐取代模拟发电机控制系统。现在国内主流钻机电控生产厂家的产品在发电机运行控制中的各种性能指标、控制精度、可靠性等方面已经取代了进口产品，不同厂家在一些产品细节上可能存在着差异，但是整个系统来看都是大同小异。以下以西安宝德公司产品为例，将其常见故障及处理方法罗列如下，见表2-1。

表 2-1　数字控制发电机系统常见故障及处理方法

故障现象	故障分析及处理
发电机无故障自动停机	修改 CPU200 程序硬件参数配置
MODBUS 通信异常	①检查 MODBUS 供电 24V 是否正常； ②检查总线连接器是否正常； ③检查 MOCBUS 的信号线接线是否正确； ④检查程序中的控制字是否正确； ⑤更换 MODBUS 模块
发电机参数读取错误	检查 PLC 硬件配置中参数内部地址
励磁控制器报过流故障	①检查励磁控制器参数设置； ②检查励磁出线回路是否短路； ③检查旋转整流器是否烧坏
发电机启动后电压升不起来	①检查励磁回路是否断线； ②检查励磁模块的参数配置是否正确
发电机组只能启动一台(空载低载)	①检查 GP 柜模式选择是否打到了“依据负载启停”； ②检查其他发电机控制参数
发电机控制器 3200 运行中黑屏	①电源故障； ②受到干扰
发电机组并网太慢	①检查控制器 3200 稳调信号； ②检查控制器 3200 参数
发电机无法并网	检查母线检测信号是否接反
发电机组并网后逆功	检查两组母线检测信号是否一致
发电机重载时突然卸载、直接停机	检查 2301D 速度控制器超速设置
发电机显示频率不稳	①检查柴油机转速是否波动较大； ②检查控制器传感器参数是否正确
发电机组功率分配不均	检查负荷分配设置值
发电机组功率分配不稳定	调节功率分配 PI 值
发电机显示频率不稳	①检查柴油机转速是否波动较大； ②检查控制器传感器参数是否正确

2.2　直流钻机电控系统常见故障及通用处理方法

近年来，随着石油钻机中电驱动钻机市场占有率的提高以及电控系统国产化率提升，电控厂家技术人员和钻井现场工程师对电控系统常见故障及排除方法逐渐深入认识。虽然钻机电控系统具有完善的故障自诊断、运行、显示和保护功能，可以满足钻井工况的实时变化，但是钻井现场的恶劣环境、搬家拆装的频繁性及现场操作人员业务水平的参差不齐都增加了设备的故障概率。目前国内钻机使用的直流电传动控制方式多以 ROSSHILL 模拟控制系统，以及使用西门子全数字化直流调速装置的数字控制系统为主流，控制核心是西门子 300 型 CPU，辅以电源、通信及输入输出接口模块等组成 PLC(可编程逻辑控制器)部分。相比于机械钻机，电驱动钻机的电控系统一旦出现故障，其故障判断、解决排除的难度和过程都复杂得多，可能由此造成的影响和损失也较大。因此现场工程师一定要加强日常学习，注意平时经验积累，在电控系统出现故障时，能够快速、准确地将故障排除，确保井队生产的连续性、安全性。

2.2.1 一般性故障分类

① 电控系统硬件故障

硬件故障是指电控系统中的电子元器件、集成电路板、信号传输线缆及总线连接器、输入输出接口模块、整流桥、调速模块、冷却风机等出现异常情况时导致的电控系统工作不正常。这类故障的判定、排除，必须要经过专业的修理，或者更换部分元器件、模块才能解决问题。此类故障较为直观，判断起来较为容易。

② 电控系统软件故障

软件故障通常是指电控系统逻辑控制程序(PLC)出现逻辑异常，调速装置中设置的参数及系统程序运行中发生故障。发生软件故障时，往往要对某些运行关键数据、系统程序进行修改才能解决问题。此类问题一般在现场难以琢磨，其判定往往要借助电脑、工控机等设备，并且要求维修人员具备一定专业素质。

③ 自检程序指示故障

电控系统一般设计有全功能的自检程序，对系统运行状态进行实时监控，当系统出现故障时会立即报警、报故障，并且会将报警、故障代码显示在监视屏上；通过系统自带的使用手册就能很快地对故障进行定位，找出原因，并按照提示的方法进行解决。另外还有一些故障会超出系统自检程序的检测范围，对于没有系统指示的故障，就需要工作人员对故障现象进行仔细观察、综合分析，凭借丰富的工作经验才能加以排除。

④ 接触不良

在钻井作业中井间搬迁、拆装是正常工作程序，搬家运输、安装过程中可能会导致 SCR 房震动，SCR 房内的各种紧固件就容易产生松动从而出现接触不良故障，此类故障现象表现时有时无，现场很难进行分析、排除。在正常生产时钻台的震动比较厉害，因此在钻台上的连接电缆、司控房、左右偏房电控箱、液压站电控箱也都比较容易发生此类故障。

⑤ 干扰故障

在使用 SCR 整流时，由于 SCR 的负载为非线性。当电流流经整流桥时会产生谐波。而谐波的存在会影响到各种电气设备正常工作，增加供电线路的附加损耗，仪表和 PLC 控制系统出现干扰故障。针对此类故障的解决方法是：把动力电缆和控制电缆分开铺设，对电缆槽、电控房、发电机房进行可靠接地，在动力电缆和控制电缆交叉处尽量采用穿管，以最大限度降低干扰。

2.2.2 ROSS HILL 系统常见故障及处理方法

ROSS HILL 系统是较早研制开发、生产、成熟的直流电动机控制装置，在我国早期直流钻机中应用较多。ROSS HILL 系统具有结构简单、运行可靠、配件使用寿命长、维修简单等优点，表 2-2 是对其在钻井现场使用中常见故障及排除方法的总结。

表 2-2 ROSS HILL 系统常见故障及排除方法

故障及原因	解决措施
1 交流电源电压 1.1 一只以上的 SCR 元件不触发	1.1 测量直流组件上 103 端~108 端的电压，应为 12VAC，如果该电压不正常，14VDC 电源电压将偏低，导致一只或更多 SCR 元件不触发，检查熔断器和接线，确保接地线良好
2 直流电源电压 2.1 直流电压不正常	2.1 测量直流组件下列各端子的电压，缺少任何一个，则检查熔断器和连接线。 153 端 +14VDC 154 端 -14VDC 155 端 0VDC(接地)
3 整流桥电压反馈信号(Vbr+和 Vbr-) 3.1 系统运行不正常	3.1 测量 DC 组件上的 101 端和 102 端电压，当整流桥电压为 750VDC 时该电压为+46.8VDC，对串励电动机来说，101 端为正极性。正常运行时必须有此电压，否则检查电压反馈板，标定电压表，检查连线
4 电流反馈信号(I_{FDBCK}) 4.1 电动机超速、超扭矩，SCR 熔断器可能熔断	4.1 检查 DC 组件上 131 端上的电流 I_{FDBCK}。当桥电流为 1000A 时，该值应为 2.66VDC
5 手轮给定 5.1 手轮给定不正常	5.1 旋转手轮给定时检测直流组件上相应的电压，其值应在 0~-8VDC之间变化
6 绞车 6.1 绞车脚踏给定信号有故障 6.2 绞车接触器无信号 6.3 绞车速度给定信号不存在	6.1 当脚踏给定器从上到下移动时，检测 DC 组件 114 端(绞车脚控信号)电压。该电压应在 0~-8VDC 之间变化。若无此电压信号，一直查找到脚控电位器。 6.2 检测 DC 组件的 116 端(绞车使能)的电压，当 SCR 断路器断开时，此电压应为+10VDC。正常运行时，绞车接触器闭合，此电压值应为-14VDC(此信号只有在 SCR 柜驱动绞车时才存在)。 6.3 当绞车手轮给定从零位到最大值变化时，检测 DC 组件 117 端的电压，该值应在 0~-8VDC 之间变化。该电压若不存在，从手轮给定电位器上查找信号(上述电压信号只有在 SCR 柜驱动绞车时才会有)

故障及原因	解决措施
7　司钻控制台 7.1　直流接触器信号不正常 7.2　司钻台上的手轮给定非常灵敏 7.3　泥浆泵不工作 7.4　MP1 给定手轮信号不存在 7.5　MP2 给定手轮信号不存在	7.1　当 SCR 断路器闭合时，在司控台上选择 DW 模式，DC 组件的 116 端电压应为-14VDC。 7.2　SCR 桥导通时，检测 DC 组件 101 端和 102 端之间的电压，该电压应为 SCR 桥电压的 1/16。当 SCR 桥电压为 750VDC 时，101 端和 102 端之间的电压应为+46.8VDC。使用串励电动机时，101 端为正极性。若无此电压，出现手轮给定非常灵敏的现象。 7.3　检测 DC 组件 121 端(MP2 CONT)和 124 端(MP1 CONT)的使能信号电压。当 SCR 断路器断开时，该电压应为+10VDC。断路器闭合，而且该柜的泥浆泵指配接触器闭合时，该电压应为-14VDC。为了驱动泥浆泵，该电压必须存在(只有 SCR 柜驱动泥浆泵时 MP1 和 MP2 使能信号才存在)。 7.4　当从最小位置到最大位置转动 MP1 给定手轮时，检测 DC 组件的 125 端(MP1 REF DC)和 126 端(MP1 REF MPC)电压，该端电压应在 0～-8VDC 之间变化。如果该电压消失，查找到司控台的 MP1 电位器信号。 7.5　当从最小位到最大位置转动 MP2 给定手轮时，检测 DC 组件 122 端(MP2 REF DC)和 123 端(MP2 REF DC)电压。该端电压应为 0～-8VDC之间变化。如果该电压消失，查找到司控台上的 MP2 电位器信号
8　一个以上的 SCR 元件不触发 8.1　六相电压中的一相以上波形不正常	8.1　在 DC 组件的 103 端(VCA)、104 端(VCB)、105 端(VAB)、106 端(VBA)、107 端(VBC)和 108 端(VAC)检测电压，应为 12VAC。如果没有或者电压偏低，检查熔断器或接地连线
9　直流功率限制 9.1　直流功率限制失效	9.1　检测 DC 组件 115 端(DC PWR LIM)电压。空载时为-4VDC，发电机满载时为零，如果电压丢失或不正常，检修功率限制盒
10　能耗制动 10.1　能耗制动磁场电压(DB FIELD)丢失 10.2　能耗制动控制信号(DC CONT)丢失 10.3　能耗制动逻辑信号(DB)丢失	10.1　检测 DC 组件 127 端(DB FIELD)电压。SCR 断路器断开时为零，断路器闭合时在制动期间为 120VAC。 10.2　检测 DC 组件 135 端 08(DB CONT)电压，在制动过程中，指配到绞车上 SCR 柜的该端电压为 120VAC。 10.3　检测 DC 组件的 138 端电压，指配到绞车上的 SCR 柜 138 端电压为 120VAC
11　转盘 11.1　转盘电流限制信号丢失 11.2　转盘使能信号丢失 11.3　转盘手轮给定信号丢失	11.1　旋转司控台上电流限制电位器时，检测 DC 组件 128 端(RT LIM)电压。该点电压应为零(50A 时)到-8VDC(最大电流限制)之间，如果没有电压，检查电流限制电位器。 11.2　检测 DC 组件的 129 端(RT CONT)。当 SCR 断路器断开或断路器闭合而指配接触器断开时，129 端电压应为+10VDC。在正常运行情况下，当转盘接触器闭合时，该端电压应为-14VDC(只有驱动转盘的 SCR 柜上才有 RT 使能信号)。 11.3　转动司钻控制台上的转盘给定手轮，检测 DC 组件 130 端(RT REF)和 132 端(RT REF2)电压，应在 0～-8VDC 之间，如果电压丢失，查找转盘给定电位器

续表

故障及原因	解决措施
12　SCR 桥电流互感器 CT 电流反馈 12.1　电动机转速不能控制	12.1　检测 DC 组件 131 端电压，当 SCR 断路器断开或断路器闭合而指配接触器断开时，应为 0V。正常运行条件下，桥输出 1000A 时，该电压为+2.66VDC。如果该信号丢失，电动机速度不能控制
13　指配接触器 13.1　接触器逻辑控制信号丢失	13.1　检测 DC 组件 134 端的电压，如果不用手扳动 DC 组件的手动开关时，134 端电压为-14VDC。如果将手动开关向上扳动时，134 端电压应为零
14　直流电源 14.1　电源电压丢失	14.1　DC 组件上 153 端的电压应为+14VDC，154 端的电压应为-14VDC。如果其中之一或两个电压丢失，检查熔断器 F01、F02 和 F03
15　808 触发脉冲 15.1　A+SCR 发脉冲 15.2　A-SCR 发脉冲 15.3　B+SCR 发脉冲 15.4　B-SCR 发脉冲 15.5　C+SCR 发脉冲 15.6　C-SCR 发脉冲	注意：连接示波器的正确方法将示波器地线接到 DC 组件的阴极(CATH)，将示波器探测端接 DC 组件的控制极(GATE)。 15.1　检测 139 端(A+GATE)和 140 端(A+CATH)的触发脉冲信号。 15.2　检测 141 端(A-GATE)和 142 端(A-CATH)的触发脉冲信号。 15.3　检测 143 端(B+GATE)和 144 端(B+CATH)的触发脉冲信号
16　SCR 桥失效 16.1　零位联锁 16.2　速度给定信号未送到组件上 16.3　使能电路有故障 16.4　直流组件有故障	16.1　检查直流组件上的零位联锁指示灯，灯发光时表明已经发生零位联锁，若要恢复工作，在指配以前将给定手轮回到零位。 16.2　在直流组件上检查来自司控台的速度给定信号。 16.3　在组件上检查有关使能电路的信号，应为-14V，若无此信号，在相应地使能电路中查找。 16.4　检查 SCR 触发脉冲，若没有此脉冲，应检查组件电源。如果电源正常，则更换组件
17　电动机转速不能调节 17.1　组件上接收不到反馈信号	17.1　检查组件上 Vbr+(101 端)和 Vbr-(102 端)信号以及 SCR 电流信号(131 端)
18　电动机发热并伴有噪声(声音近似轴承坏了)	18　检查电流反馈波形，SCR 误触发或不触发时会出现电机发热、产生噪声
19　SCR 断路器跳闸 19.1　紧急停车，所有断路器跳闸 19.2　SCR 熔断器故障 19.3　过流跳闸 19.4　SCR 过热	19.1　司钻可能压下司钻台上的紧急停车按钮，若要恢复工作，复位急停按钮，闭合断路器。 19.2　如果 SCR 故障，有的熔断器也烧断。检查熔断器上的指示器，检查烧断熔断器的相应 SCR 元件，更换被烧熔断器和损坏的 SCR 元件。 19.3　闭合断路器，恢复工作。 19.4　温控开关在 SCR 温度下降到 88℃以下时复位。闭合断路器，重新工作。要保证 SCR 风机正常运行，否则检查有关熔断器和风机电动机复位按钮

2.2.3 国产数字直流钻机控制系统常见故障及处理方法

近年来，随着数字化直流调速装置的出现，以及国内钻机电控生产厂家的技术研发，数字化直流调速系统在石油钻机上的应用成为趋势，国产数字化直流电控系统已经逐渐取代了 ROSSHILL 装置。数字直流调速系统具有电器模块集成度高、现场使用抗干扰能力强、智能化程度高、故障率低、皮实耐用、维修方便、价格低廉等优点。表 2-3 为国产数字直流调速系统的常见故障及排除方法。

表 2-3 数字直流钻机控制系统常见故障及排除方法

6RA80 装置常见故障		
序号	故障现象	处理方法
1	电机堵转 F60035	减轻电机负荷，如果是驱动转盘装置则可放慢游车下放速度，减小钻压
2	电机超速 F60038	检查电枢线路电机线绝缘是否良好，是否对地短路
3	功率单元过温 F60039	(1)检查环境温度，确认电控房温度不超过 20℃； (2)确认装置柜内风机正常工作； (3)减轻电机负载
4	电枢/励磁回路中断 F60036	检查励磁/电枢回路电缆是否中断
5	模拟量输入主设定断线 F60046	检查 CUDX177.25/26 回路线路是否正常
6	模拟量输入 1 断线 F60047	检查 CUDX177.27/28 输入回路是否断线
6RA70 装置常见故障		
序号	故障现象	处理方法
1	电源故障 F001/F006	检查装置输入电源电压
2	驱动堵转 F035	减轻电机负荷
3	触发后电枢无电流 F036	检查电枢回路绝缘
4	晶闸管故障 F061	电子版或触发板损坏
5	主给定故障 F046/F047	检查电源电缆是否开路，确认模拟量输入是否正常
6	编码器故障 F048	(1)编码器损坏； (2)电缆断线； (3)脉冲编码器受到干扰

2.3 交流变频钻机常见故障及处理方法

近年来，随着交流调速理论技术的成熟，以及大功率变频器的问世，交流变频石油钻机得到了快速发展，现在钻机电控系统中常用大功率变频器主要为西门子 6SE70、S120、G150 以及 ABB 公司 ACS800、ACS880 系列产品。虽然这些变频器的运行稳定性、系统自我保护功能越来越完善可靠，但是钻井现场的使用工况较为恶劣，并且设备经常拆卸、运输、安装，导致电控系统在使用中经常出现一些故障，包括软件及硬件故障。下面就将交流变频钻机使用中经常出现的一些故障及排除方法做分类汇总，希望能帮助钻井现场工程师加快电控故障判断、处理速度，尽量减少设备故障带来的损失。

2.3.1 一般性故障分类

① 软件部分故障

钻机电控系统软件部分故障主要包括通信故障、程序故障、变频器参数故障、司钻房触摸屏画面故障等，发生软件故障时，往往要进行程序修改、参数修改、组态画面修改、模块更换、电路板更换等才能将故障排除。软件故障的判定、排除对现场人员要求较高，需要现场人员熟练掌握 SIMATIC STEP7、Drive-Monitor 等软件，能够读懂、修改程序。

② 硬件回路故障

钻机电控硬件回路故障主要包括电源回路、变频器内部元器件、制动回路、电动机、司钻房操作元器件等，硬件回路故障相对于软件故障来讲，判断、处理相对直观、简单，有些故障从设备表面可以直观反应，有些故障需要借助电工工具、仪器仪表加以确定，故障排除往往需要更换元器件。

③ 干扰故障

在变频器运行时会产生大量的电磁干扰，这些电磁干扰往往会影响周围其他弱电设备的正常工作。此时受到干扰的设备往往出现一些莫名其妙的故障，让人难以琢磨。此类故障解决方法为：把动力电缆和控制电缆分开铺设；对电缆槽、电控房、发电机房进行可靠的接地；检查装置柜内各元器件的接地情况。

2.3.2 钻机电控系统典型故障及处理方法

以下是钻井现场经常遇到的、易发生故障及排除过程的实例简介，这些电气故障都具有一定的代表性，其原因分析、排除方法希望对读者有一些借鉴意义。

① 绞车、转盘及泥浆泵变频器运行过程中故障停机。

常见原因：绞车、转盘、泥浆泵编码器损坏，编码器联轴节打滑、断裂，通信线的屏蔽不好造成干扰，风机、润滑泵等辅机跳闸造成联锁保护、变频器内部故障、变频器与 PLC 间通信故障等。

解决方法：若电机显示有转矩无转速，故障代码显示 F07902，说明测速回路故障，更换编码器或接口板；若 AOP30 面板上报变频器相关故障，如 F31100、F31131、F30887、F30885 等，则是编码器控制线的屏蔽不好受干扰导致，做好接地抗干扰工作，将感应电释放出去，一般故障会消失；若是风机和润滑泵跳闸导致，查到短路点，重新接线，做好绝缘工作；若通信故障，变频器通信电路板或通信模块故障指示灯会闪烁，检查通信线及总线连接器。

② 整个控制系统停止运行，CPU 显示外部故障、系统故障、通信故障。

常见原因：profibus 通信总线插头松动，输入输出模块、直流电源模块、通信模块损坏，房端接线室的接地端导电性不良、接地效果不佳等，变频器故障代码通常显示 F01910。

解决方法：检查接地线端子的地线是否缺水，接地电阻是否合适；检查 profibus 通信总线插头，若松动重新固定；检查 PLC 各个功能模块的运行指示灯情况，如果 PLC 系统中的非冗余模块损坏需要及时更换。

③ 整个电控系统停止运行，CPU 显示外部故障、系统故障，同时 PC 柜内为各个通信模块提供 24V 电源的 SITOP 电源亮黄灯，显示过载。

常见原因：SITOP 电源过载或损坏，该 SITOP 电源所带负载里有短路或接地的情况。

解决方法：单独取下该 SITOP 电源，若测量输出电压不正常更换即可；若电源模块正常，则根据图纸分别测量该电源的负载里有无短路或接地的情况发生。

④ 绞车、转盘或泥浆泵逆变柜的进线保险丝烧坏。

常见原因：该逆变柜的 L37 空气开关预充电结构部分不是很可靠，有时 L37 无法很好地控制峰值电流，导致保险丝烧坏，逆变柜故障代码通常为 F30027。

解决方法：搬家或者在平时使用中，在不需要检修逆变柜的时候尽量不断开 L37 开关，第一次成功上电后 L37 始终保持在“AUTO”位，一旦保险丝烧坏，及时更换型号相符的保险丝。

⑤ 司钻房触摸屏上的游车高度不显示或显示不正确。

常见原因：滚筒编码器损坏，滚筒编码器联轴节打滑、断裂，FM350 计数器模块损坏，程序有误，无输入值。

解决方法：检查滚筒编码器以及联轴节，若损坏需要及时更换；检查 FM350 计数器模块，若滚筒转动时，模块没有输入显示，绿灯不闪烁，说明模块已损坏，更换即可；若硬件没有问题，则考虑是计数程序有误，需要更改游车高度程序块的输入参数。

表 2-4~表 2-9 是根据作者多年来在钻井现场电控系统调试和维护维修经验，对石油钻机电控系统常见故障及排除方法的收集汇总。

Ⅰ PLC 系统故障

表 2-4　PLC 故障及排除方法

故障现象	故障分析及处理
模拟量输入输出信号不稳定	1. 强弱电回路接地不良； 2. 存在强电干扰，走线不规范，控制电缆和动力电缆分开走线
PLC 与各个子站之间的通信不能建立	1. 检查通信线路是否正常； 2. 检查通信模块工作是否正常； 3. 检查硬件配置是否和实际一致； 4. 检查各主从站点地址是否与 PLC 硬件配置是否一致； 5. 检查通信线屏蔽是否良好
检测传感器进入 PLC 的信号不正确	1. 检查模拟量模块的供电电源 M 端接地是否良好； 2. 检查程序中硬件组态是否和实际匹配； 3. 检查模拟量模块供电、跳线是否正确； 4. 更换传感器
变频器 MODBUS 通信中断	1. 检查 MODBUS 供电 24V 是否正常； 2. 检查总线连接器是否正常； 3. 检查 MOCBUS 的信号线接线是否正确； 4. 检查程序中的控制字是否正确； 5. 更换 MODBUS 模块
PLC 报 SYS 故障	1. 检查程序及硬件与实际配置是否匹配； 2. 检查 PLC 中有无多余的硬件出现，导致 PLC 中存在输入输出点而实际中无的现象
冗余 I/O 通信故障	更改冗余 I/O 的通信地址
FM350 报 SF 故障	1. 检查模块电源 M 端接地是否良好； 2. 更改模块跳线； 3. 滚筒编码器坏； 4. FM350 模块损坏

Ⅱ 刹车故障

表 2-5　刹车故障及排除方法

故障现象	故障分析及处理
绞车、自动送钻启动后盘刹不能自动打开	1. 检查盘刹液压泵是否启动，刹车系统压力是否正常； 2. 检查气路是否正常； 3. 检查程序段查看变频器启动信号是否反馈至 PLC，查看刹车信号是否有输出，针对问题查找原因； 4. 盘刹程序正常时，看是否按下了紧急停车或驻车； 5. 盘刹控制回路、阀岛故障； 6. 电磁阀故障

续表

故障现象	故障分析及处理
转盘启动后惯刹不能释放	1. 检查气路是否正常； 2. 检查程序段，查看变频器启动信号是否反馈至 PLC，查看刹车信号是否有输出； 3. 检查阀岛对应惯刹电磁阀
电子防碰动作后，刹车动作	1. 检查刹车电磁阀是否动作； 2. 检查 PLC 程序段是否有刹车信号输出； 3. 检查气路是否存在问题

Ⅲ 编码器及手轮故障

表 2–6　编码器、手轮故障及排除方法

故障现象	故障分析及处理
逆变报编码器错误	1. 重新正确安装编码器，安装时联轴节应能在两轴之间自由滑动，无变形； 2. 编码器有无断线； 3. 编码器信号线屏蔽是否良好； 4. 编码器本身是否已损坏； 5. 编码器接口板、模块是否损坏
电机在速度手轮给定后，并不转动，而是缓缓地爬行	1. 是否电机的电源三相相序接反； 2. 检查程序和参数的正确； 3. 扭矩限幅是否正常； 4. 考虑手轮及其线路的问题； 5. 检查 CUVC 板参数是否正常

Ⅳ 电源回路故障

表 2–7　电源回路故障及排除方法

故障现象	故障分析及处理
逆变柜内微型断路器不能合闸	1. 检查外部线路是否有接地或短路现象； 2. 检查断路器容量是否合适； 3. 更换断路器
MT37 开关不能合闸	1. 检查外部线路是否有接地或短路现象； 2. 检查断路器容量是否合适； 3. 检查断路器整定是否合适； 4. 检查控制回路接线是否完好，欠压线圈是否得电
UPS 没有输出	1. 检查接线是否牢固可靠； 2. 检查 UPS 电池是否正常； 3. 查看 UPS 有无故障或损坏

故障现象	故障分析及处理
抽屉柜不能合闸	1. 检查抽屉机械机构是否有问题； 2. 检查抽屉是否插到位； 3. 检查欠压线圈是否动作； 4. 检查热继电器是否动作

Ⅴ 电机故障

表 2–8　电机故障及排除方法

故障现象	故障分析及处理
变频器启动后自动停机	1. 检查变频器本身是否报故障； 2. 在故障列表中查看有无故障导致停机，如有针对相应故障查找原因； 3. 检查是否启动脉冲丢失
主电机风机启动后不久自动停机	1. 检查外部是否有接地或短路现象； 2. 检查风机控制回路是否正常； 3. 风机启动后风压信号是否正常
主电机润滑泵启动后不久自动停机	1. 检查外部是否有接地或短路现象； 2. 检查风机控制回路是否正常； 3. 润滑泵启动后润滑油压返回信号是否正常
电机异响或冒烟	1. 检查电机是否过载； 2. 检查电机绝缘是否正常； 3. 检查电机与齿轮箱是否满足同轴度要求； 4. 检查变频器参数设置是否正常

Ⅵ 软启动、MCC 故障

表 2–9　软启动、MCC 故障及排除方法

故障现象	故障分析及处理
软启动器报 LOAD 故障	1. 电机是否卡死，手动能否盘动； 2. 软启动器参数设置是否正确； 3. 查看程序，看程序是否有问题
软启装置版本的不同将会导致软启故障点不同，从而导致软启不能启动的情况出现	1. 对于 E01—06 版本软启：无论装置上电与否故障点为常开，仅在装置故障后变为常闭，同时输出故障给 PLC； 2. 对于 E07 版本软启：不上电时故障点为常闭，上电后变为常开，故障后变为常闭，同时输出故障给 PLC
供电回路抽屉无法合闸	1. 检查机械结构是否完好； 2. 检查欠压线圈是否得电或分闸线圈失电； 3. 检查外部线路是否有接地或短路现象

续表

故障现象	故障分析及处理
控制回路抽屉无法启动	1. 检查外部线路是否有短路或接地； 2. 检查抽屉内熔芯变压器是否完好； 3. 检查抽屉内线路是否接线正确或者有脱； 4. 更换备有抽屉仍不能启动检查外部控制线路是否完好
在运行过程中抽屉跳闸	1. 检查外部线路是否有短路或接地； 2. 检查机械部分是否有卡阻现象导致过载； 3. 如果带热继检查是否是由于热继设置不合适导致热继动作； 4. 计算抽屉容量是否能满足实际要求； 5. 检查是否由于认为误操作导致停机

2.3.3 6SE70 系列变频器常见故障及处理方法

6SE70 系列变频器的故障一般可分为两类：一种是运行中频繁出现故障停机，同时变频器报故障，其处理可根据说明书上提供的故障提示，进行处理和解决，这类故障一般是由于变频器运行参数设定不合适，或外部工况、条件不满足变频器使用要求时所产生的一种保护动作现象；另一类是由于使用环境恶劣，高温、导电粉尘引起的短路，潮湿引起的绝缘能力降低或击穿等突发故障。这类故障发生后，一般变频器无任何显示，其处理方法是先对变频器解体检查，重点查找损坏件，根据故障发生区，进行清理、测量、更换。在实际维修中，只要抓住其特征，掌握处理故障的规律，这些故障是很好解决的。本书主要介绍 6SE70 系列变频器的常见故障及处理方法。

① 变频器外部故障

交流变频控制系统一般都采用闭环控制方式，对于变频器驱动的电机都会采用诸如测温、测速的元件，这些元件在使用中会出现各种各样的故障，这些故障会导致变频器报警停机。平时巡检时多注意这些易发故障点，可以大大降低变频器故障概率。出现故障后，变频器会显示不同的故障代码。6SE70 系列变频器可以通过变频器的 PMU 或者 OP1S 面板观察到故障代码，查询历史故障可以通过参数 r949 进行查询，也可以借助 Drive Monitor 编程软件进行故障查询。

② 变频器内部故障

变频器内部引起的故障，也会报故障代码，这些代码有些是迷惑性质的，这就给问题的处理带来不少麻烦。比如一个现场故障处理实例：变频器在使用过程中频繁报“F0015”故障。查找原因是变频器使用过程由于潮湿、灰尘的影响会出现电路板故障。另外有一台变频器在使用中频繁报“F006”故障，排除了所有外部可能导致的原因，将变频器拆开后发现通信板上灰尘严重，清理干燥后问题解决。表 2-10 是对 6SE70 系列变频器现场常见故障及处理方法的总结。

表 2-10　6SE70 变频器常见故障及处理方法

故障现象	故障分析及处理
做自适应时报 F015 故障	1. 检查编码器; 2. 检查编码器电缆及屏蔽; 3. 检查 DTI 板; 4. 检查编码器通道信号(TTL 还是 HTL)
做自适应时报 F098 故障	1. 变频器不复位，查看 r949 故障值; 2. 检查编码器电缆是否正常，把 A、B 通道的线调换; 3. 检查编码器电缆的屏蔽
做自适应时电机反转	更改编码器的 A、B 通道接线
逆变器报 F002 故障	1. 中间电容组预充电不足; 2. 电网电源电压过低; 3. 整流装置故障后没有复位，再次启动时整流单元无法启动
逆变器报 F006 故障	直流母线电压过高，检查电源电压
逆变器报 F008 故障	1. 外部负载增加过快; 2. 发电机没有及时响应，出现母线电压低; 3. 使用变频器功能"动能缓冲"，具体操作是将 P517 由 0 设置为 1，P518 参数根据情况设定
变频器通信中断	1. 外部通信线路及通信线接头是否故障; 2. 通信线路有干扰; 3. CPB 板、CUVC 板损坏
通信不稳定	1. 检查通信线路屏蔽，是否存在干扰; 2. 走线不符合 EMC 规则
逆变器报 F011(过电流)故障	1. 变频器输出是否短路或有接地故障; 2. 变频器处于过载状态; 3. 电机与变频器是否匹配
6SE70 启动后显示 o008	1. 变频器急停，检查外部急停信号; 2. 短接逆变柜 X9 端子的 5、6 端子；如果是订货号尾数为 1 的变频器，内部电路板故障
在重载下两台电机不同步	1. 编码器回路受到功率回路干扰，依照 EMC 导则更改编码器回路走线，尽量减少其受干扰程度; 2. 增大变频器 P216 值(反馈值滤波时间)
两台泥浆泵不能实现和绞车联动，并逆变报警 A018	1. 将信号线与动力线分开，让其尽量不走在一根电缆槽里，以减少干扰; 2. 在信号线返回点加继电器进行干扰隔离
6SE70 逆变报 A043 或 F053	1. 根据西门子矢量控制手册检查编码器电缆到 DTI 板有无断路; 2. 检查编码器联轴节有无破损; 3. 检查编码器线路屏蔽接地是否良好; 4. 更换编码器; 5. 检查 DTI 板

2.3.4 6RA70 系列直流调速器常见故障及处理方法

6RA70 直流调速器在直流电驱动钻机中有广泛的应用。其故障排查方法与 6SE70 类似。表 2-11 是对 6SE70 系列变频器现场常见故障及处理方法的总结。

表 2-11 6SE70 变频器常见故障及处理方法

6RA70 报 FOO4	1. 检查电枢电源电压； 2. 检查进线熔断器； 3. 测主接触器两端电压； 4. 测接触器线圈电压； 5. 检查主接触器控制端子 109/110 的输出
6RA70 报 FOO5	1. 检查励磁电源电压 3U1/3W1； 2. 检查励磁进线熔断器； 3. 测量电机励磁绕组的电抗
6RA70 报 FOO6	1. 检查参数 P078.01、P078.02，应与额定电源电压相符； 2. 检查参数 P351、P361
6RA70 报 FO18	1. 测量端子 34、35 之间的电压，检查 24V 电源，电压必须大于 19V； 2. 如 24V 电压不正常，更换 CUD1 板
6RA70 报 FO30	1. 检查电流环优化情况，必要时对电流环重新优化； 2. 检查电机换向器
6RA70 报 FO31	1. 检查调节器的优化，正确设置斜坡函数发生器时间使运行速度跟随给定； 2. 电源电压低或电机电枢电压太高
6RA70 报 FO36	1. 检查熔断器、负载阻抗； 2. 检查输出电压，如果是 0V，即使是在运行状态也表示此装置有故障
6RA70 报 FO40	在故障没有确认之前电源断电，重新上电时报 F040
6RA70 报 FO67	温度过高，检查风机

2.3.5 S120 系列变频器常见故障及处理办法

S120 变频器是近年来西门子公司推出的 6SE70 变频器替代产品，它集 V/F、矢量控制及伺服于一体的传动控制系统，与 6SE70 变频器相比，S120 变频器模块化集成度更高、智能化程度更高，整流部分采用共母线排结构，逆变器采用功率单元模块化设计，如有一个功率单元故障，逆变器可以降容继续工作。S120 变频器在石油钻机上使用，具有故障率低、方便维修、应急使用方便等特点，下面将 S120 变频器在钻井现场使用中的常见故障及处理方法总结，见表 2-12。

表 2-12　S120 变频器常见故障及处理方法

故障现象	故障分析及处理
AOP30 上报 F07410 故障	电流控制超过限制，绞车作自适应时会报故障，检查合闸断路器进线和电机相序是否接反
AOP30 上报 F07902 故障	堵转，装盘在带负载时会报故障，检查扭矩限幅是否放开或测速回路是否良好
AOP30 上报 F30022 故障	并联电流不匹配，装置并联时会报故障，此故障为逆变模块某相 IGBT 存在问题，具体是哪相有问题可查看参数 r949，解决方法：更换存在问题相的 IGBT 触发板或者 IGBT
AOP30 上报 F31118 故障	1. 检查参数 P492 的值，一般该值在做完电机优化是 36.5 左右，将该值改到 100~150 之间； 2. 检查电机编码器电缆接地是否可靠，此电缆需可靠的接地
AOP30 面板出现死机现象	1. 将 AOP30 断电重新上电，即重新启动 AOP30； 2. 利用西门子专用软件更新 AOP30 内部软件至最高版本； 3. 更换 AOP30
逆变装置预充电回路断开	1. 检查预充电回路的熔断器是否已经损坏，更换新的熔断器； 2. 检查 L37 开关，在该装置的柜门上有 Ⅰ 和 Ⅱ 的位置指示，如果在合闸的一瞬间没有听到“咔”的响声，即可判断 L37 开关存在机械故障
AOP30 上报 F31418 警告	此警告为两次采样周期内的脉冲数差值过大报警，将 P492 改到 100~150 之间
AOP30 上报 F07410	1. 检查电机或电机连接； 2. 检查直流母线有没有电压； 3. 检查电机模块； 4. 检查逆变直流控制电源 24V 电压
绞车正常运转时，速度过快，给速手柄失效，发生溜钻	检查发现装置参数 P1240 的值为 1，而正常情况下 P1240 参数的值应该为 0，此时表示制动单元起作用
AOP30 上报 F07081 过流故障	1. 检查绞车刹车是否松开； 2. 检查编码器电缆及编码器是否正常； 3. 检查编码器联轴节是否松动； 4. 变频器内部故障，详细参考参数手册
AOP30 报 F07901，电机锁死故障	P1082 = 110%改到 115%提高速度限幅值
AOP30 报 F07902 电机堵转故障，偏差大于设定值，转矩达到限幅值，经过延时后报故障	P1745 = 20%改到 25%速度设定监视极限值；P2178 = 10s 改到 15s 故障延时时间

续表

故障现象	故障分析及处理
AOP30 报(A7903)堵转报警，即速度偏差大于设定值经过延时后报故障	P2163=20%改到30%速度设定监视极限值；P2166 = 200ms 改到400ms 故障延时时间
AOP30 报 F07900，电机锁死故障	P2175 = 2.03%改到 1.53%；速度设定监视极限值 P2177 = 10s 改到15s

2.3.6 ABB 公司 ACS800 系类变频器常见故障及处理方法

ACS800 系列变频器是瑞士 ABB 公司推出的适量型工业控制传动产品，在国内石油钻机领域西门子变频器占有绝对优势的情况下，ABB 变频器凭借其产品模块化、故障率低、现场检修方便、耐用、过载能力强等优点，在石油钻机电控产品中越来越受到使用者的认可。ABB 变频器整流部分采用共母线排设计，一组整理柜出现问题，系统可以降容工作；逆变器采用功率模块化设计，一组逆变单元损坏，将其从母线排抽出，系统仍然可以降容工作，现场维修、模块替换方便快捷，无须重新参数设置及电机自适应试验，非常适合石油钻机领域的使用需要。以下是作者列举的现场 ACS800 系列变频器故障处理实例。

【实例1】ABB ACS800-07-0320-3 逆变器，上电后控制盘上显示：DC UNDERVOLT(3220)直流母线欠电压故障。

故障原因：直流回路的直流电压不足，可能是由于电网缺相、熔断器烧断或整流桥内部故障所引起。

处理方法：检查主电源供电是否正常，如果变频器中间回路通过了接触器，要检查接触器的控制回路是否误动作，如控制回路有误动作，可能导致接触器短时间内频繁启动停止，造成变频器欠压故障，所以该故障为能复位的欠压故障。如出现欠压故障不能复位，检查逆变器电容是否出现泄露。如果变频器刚断电，再次迅速通电，也会引发此故障，所以变频器断电，要等电容放电完毕后(约5min)，再重新启动变频器。

【实例2】ABB ACS800-02-0210-3 逆变器，上电后控制盘上显示：ACS800 TEMP(4210)。

故障原因：变频器的 IGBT 温度过高，由于 VFD 房内环境温度过高，检查 VFD 房空调制冷差或电机功率不符合所引起。

处理方法：检查 VFD 房内温度，检查空调运行状况，制冷量是否满足要求，检查变频柜散热器及柜内风机工作状况，检查电机功率是否超过了逆变器功率。

【实例3】ACS800-01-0016-3 变频器，上电后控制盘上显示：CURUNBAL(2330)逆变单元中过高的输出电流不平衡。

故障原因：可能是由于外部故障(接地故障、电机故障、电缆故障等)或内部故障(逆变器元件损坏)引起。

处理方法：测量电机或电机电缆的绝缘电阻，检查有无接地故障，检查逆变器功率单元。

【实例 4】 ABB ACS800 - 01 - 0100 - 3 变频器，上电后控制盘上显示：BRWIRING(7111)。

故障原因：制动回路工作不正常。

处理方法：检查中间回路是否有一组或几组暂波器不工作，检查制动电阻是否烧坏。

【实例 5】ABB ACS800-02-0260-3 变频器，上电后控制盘上显示：SCNINV(2340)。

故障原因：逆变模块单元回路存在短路。

处理方法：检查电机和电机电缆绝缘情况，是否存在短路或接地，检查逆变器 IGBT 模块。

【实例 6】ABB ACS800-01-0030-3 变频器一上电就跳闸，控制盘上显示：OVERCURRENT(2310)输出电流过大，且变频器故障不能复位。

故障原因：功率模块损坏、驱动电路损坏、电流检测电路损坏，导致输出电流过大，超过软件设定的过流跳闸极限值。

处理方法：检查逆变模块是否有损坏，检查驱动电路是否异常，检查过流信号处理元件电路传感器是否已损坏，然后更换损坏的电力电子元器件。

【实例 7】ABB ACS800-02-0210-3 变频器重新启动时，一升速就跳闸，控制盘上显示：OVERCURRENT(2310)，这是逆变器过电流十分严重的现象。

故障原因：负载短路，外部负载机械部位有卡住，逆变模块损坏，电动机的转矩过小等原因引起。

处理方法：检查电机负载是否短路，检查外部负载机械传动装置是否卡住，检查逆变模块是否发生短路，检查启动转矩是否太小。如果使用了编码器，检查编码器传递数据是否准确(可从参数里先把编码器去掉再运行，查看电流是否正常)。

【实例 8】ABB ACS800-07-0120-3 变频器启动时，一开始不跳闸，而是在加速阶段跳闸，控制盘上显示：OVERCURRENT(2310)输出电流过大。

故障原因：加速时间是否设置太短，电流上限设置是否太小，设置参数组 22ACCEL DECEL 不合适，检测逆变器 IGBT、电流互感器和驱动板回路。

处理方法：检查加速时间和减速时间参数设定是否太短，将逆变参数 2202 ACCELER TIME(加速时间)和 2203 DECELER TIME(减速时间)重新进行放大设定，更换损坏的逆变模块 IGBT 和驱动板。

表 2-13 是 ABB ACS800 变频器使用中的常见故障及处理方法，希望对读者

有一定的借鉴和帮助。

表 2-13 ABB ACS800 变频器常见故障及处理方法

故障现象	故障分析及处理
逆变器模块风机不运行	1. 检查风机断路器是否合闸； 2. 检查风机供电电源板是否正常； 3. 检查风机是否烧坏
装置报 CUR UNBAL(2300)故障，传动检查到并联的逆变模块输出电流不平衡	1. 检查电机和电机电缆绝缘情况； 2. 检查 APBU 光纤分配器光纤连接是否正确； 3. 检查逆变模块的输入直流 L 形母排是否紧固
装置报 PPCCLINK(5210)故障，RMIO 板与 AINT 板之间通信故障	1. 检查逆变器是否合闸； 2. 检查光纤是否连接正确； 3. 检查主电路中是否有短路； 4. 检查 IGBT 是否正常
装置报 INT CONFIG(5410)故障，系统检查当前的逆变模块数量与初始值不匹配	1. 检查逆变模块状态； 2. 检查 APBU 板和逆变模块之间的光纤连接； 3. 检查是否有逆变器模块损坏； 4. 如果需要降容使用，需要修改参数和实际模块数量一致
装置上电后 CDP312 无显示	检查 CDP312 与装置的连线是否连接且正确
装置报 ENCODR ERR(7301)故障	1. 检查编码器电缆是否正常； 2. 检查 RTAC 和 RMIO 板连接是否正常； 3. 检查编码器联轴节是否松动； 4. 检查编码器及连接是否正常
装置报 FF51 故障	将控制盘从逆变切换到整流侧，再通过进线侧整流单元故障说明部分进行排查
整流合闸后 DSSB 板无显示	1. 检查外部供电 24V 是否正常； 2. DSSB 板损坏，需要更换
逆变模块报(4310)过温故障	1. 检查逆变模块的散热风机是否工作正常； 2. 检查风机的转向是否正确； 3. 检查装置是否有过流现象

交流变频钻机相对于直流钻机来讲，故障点多而隐蔽、故障概率相对较高，并且交流电控系统采用的是一拖一控制方式，绞车、转盘及泥浆泵变频器之间不能相互切换，现场出现故障时应急手段较少，并且故障出现后，故障的判定、排除较为复杂，修理费用较高。这就要求钻井队电气设备维护人员在日常使用中要加强日常巡检力度，电气设备一旦出现隐患，能够做到早发现、早处理。另外，变频器在使用 1~2 年后，要将变频器除尘、检查、测量等全面维护一次；定期对接线端子检查紧固，防止由于松动引起发热，使用中要控制 VFD 房内温度和湿度在一定范围内，延长变频器的使用寿命。

2.4 电磁涡流刹车常见故障及其排除方法

电磁涡流刹车故障可以简单地分为本体故障与电控故障，本体故障一般比较少见，出现故障需要检修，现场维修的工作量比较小；控制柜电路相对比较简单，可供更换的元器件不多，一般以更换为主。常见故障见表 2-14。

表 2-14　电磁涡流刹车常见故障

故障	原因	排除方法
轴承转子与定子表面擦碰，导致磁极间短	(1)与绞车滚筒轴不同轴度太大； (2)轴承缺乏适当保养的润滑	(1)调整轴的位置； (2)按轴承保养守则进行
空气隙恶化：空气和铁的氧化物是不良的导磁体，稍微增加空气隙或表面沉积锈蚀层将会大大减少穿过转子和磁极间的磁通量	(1)因杂质进入空气隙； (2)磁极上氧化铁层剥落，气隙将增大	(1)尽可能地清除杂质； (2)正确的空气隙应为 1～1.27mm，如果气隙增大到 2.5～3.2mm，此刹车应进行大修
由于刹车过热而造成故障： (1)转子内径膨胀引起气隙增加； (2)线圈电阻增大从而降低了通过线圈的电流，但磁通量与安匝数成正比关系，所以磁通量也相应减少； (3)转子因变形而翘曲，使气隙局部增大	(1)冷却风量不足； (2)刹车在高于额定负荷下运转； (3)转子过热没有得到充分的冷却	检查鼓风机提供的冷风量是否达到推荐值
一个或一个以上线圈损坏：磁通量减少	(1)加于线圈的电压过高； (2)刹车线圈连接不正确； (3)线圈内腔积聚杂质使线圈绝缘破坏； (4)温升过高使线圈绝缘破坏	(1)使用正确的整流装置； (2)按图纸的规定连接线圈的引接线； (3)测量线圈的绝缘电阻； (4)消除鼓风机系统故障
线圈极性不对： 装在一个定子上的两个线圈所产生的磁通按电流通过的方向可以相互加强或相互削弱，如果线圈连接得不正确将使力矩降低	接线不正确	改变线圈的连接方式，用指南针检查极性

第3章 石油钻机电气故障处理案例分析

3.1 PLC 及控制系统故障

案例一 泥浆泵转速手轮给定故障

钻机型号：ZJ70D

系统简介：电控系统为新加坡西门子公司 2004 年 5 月制造，系统配备 4 个发电机控制柜、3 个直流调速柜，可控硅容量为 1800A。

故障时间：2020 年 1 月

钻井工况：下钻完开泵

故障现象：司钻操作 2 号泥浆泵手轮给定时，泥浆泵转速百分表显示突升至 20%，继续给定转速始终 20%，归零正常。

原因分析：滑动变阻器卡簧老化脱落。

处理办法：找到零位，自制卡子代替卡紧，故障排除。见图 3-1。

经验总结：加强巡回检查，细节检查到位。

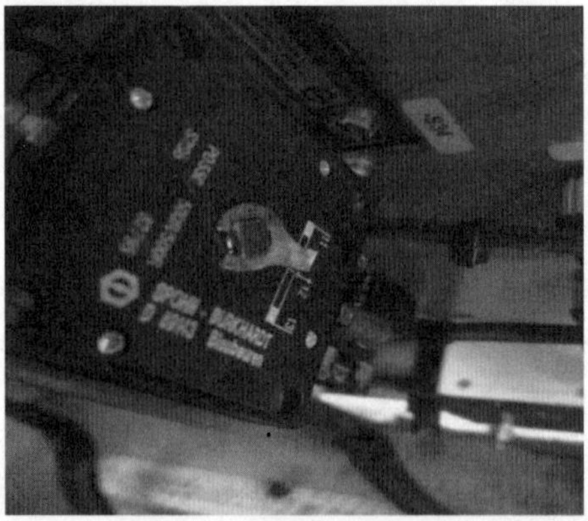

图 3-1 滑动变阻器

案例二　SCR房柜架断路器跳闸的原因分析

钻机型号： ZJ70D

系统简介： 宝美自动化2010年8月制造，系统采用ROSS HILL直流调速系统，配备4个发电机控制柜、4个直流控制柜，直流柜内DC模块额定功率分别为绞车800A、泥浆泵1600A，晶闸管容量1800A。

故障时间： 2015年3月16日

钻井工况： 三开钻进

故障现象： SCR房内4个600V直流调速柜MT1600A主断路器和400V馈电柜2000A的出线总断路器不定期同时跳闸，随即合闸正常，现场电气工程师排查后没有发现任何明显故障点，但该故障不定期发生，有时几天或者一个月跳闸一次，有时一天跳闸多次，严重影响了正常施工和生活用电。

原因分析： 现场检查发现以下几个问题：①SCR房的输出总零线端未做接地；②600V/400V变压器零线环流近80A；③大多数接地体电阻值过高，没有进行等电位连接；④顶驱地面段电缆A相接头对地感应电压达到250V，其他各相也为20~40V不等；⑤馈电柜断路器运行时总电流为550A左右，开关5.0保护单元各调节旋钮设置值处于正常范围，馈电柜MT20N1-2000A总断路器内部合闸指示有变色现象（怀疑内部有过热现象）。

处理办法： ①SCR系统新增3处接地体，并进行系统的等电位连接，解决不平衡电流及电源的谐波，从而净化600V电源系统；②用馈电柜800A断路器与2000A断路器换位，观察是否由于断路器内部故障引起跳闸；③做井场营房TN-C-S接地系统和等电位连接，使接地电阻值达到4Ω及以下。当日处理完以后，直到完井一直未发生跳闸故障。

经验总结： 对电气系统来说，良好的接地可以有效减少波形畸形、零线漂移和保护用电安全。

案例三　变压器匝间短路引起的调速柜损坏

钻机型号： ZJ70D

系统简介： 宝美自动化2010年7月制造，系统采用ROSS HILL直流调速系统，配备4个发电机控制柜、4个直流控制柜，直流柜内DC模块额定功率分别为绞车800A、泥浆泵1600A，晶闸管容量1800A。

故障时间： 2016年9月10日

钻井工况： 二开通井作业

故障现象： 电气工程师巡回检查中发现SCR房有焦煳味，正在检查时突然听到2号SCR柜声响异常，有浓烟冒出。随即断电检查，发现2号SCR柜内换向接触器 K5、直流接触器 K6、底部控制线和 PC04 板、PC02 板等部分电器元件损坏，导致电控系统瘫痪，无法使用。

原因分析：由于现场烧毁器件较多，当时很难寻踪故障原因。在后期恢复中发现电源变压器 T5 线圈匝间短路，结合烧毁现场元器件的逻辑控制关系判断，T5 为变压器一二次侧线圈短路，一次侧 600V 高压窜入二次侧，瞬间烧毁 PC04、PC01、PC022 三块电路板，造成指令失效，换向接触器 K5 吸合，致使接触器母排热熔短路，并殃及 K6 接触器及相关配线因高温而烧毁。

处理办法：2016 年 9 月 10 日，为保证通井时的井下安全，只能采取改变指配模式由转盘控制柜来控制绞车 A 电机，实现绞车上下活动钻具和双泵循环处理泥浆。9 月 11 日，下套管作业最大悬重达到 300t，绞车单电机无法满足要求，再次改变线路，用 3 号泥浆泵控制柜控制绞车，并在 2 台直流电动机动力电缆做改动，使绞车 A 电机 F 端与 B 电机 AA 端短接，绞车 A 电机 FF 端与 AA 端短接，绞车 B 电机 F 端接 1K2，绞车 A 电机 A 端接 1K7，实现绞车双电机 DWS 模式，MP3 手轮给定在 0~75%之间，平稳控制绞车运行，MP1、MP2 两台泥浆泵用于灌浆和循环。

9 月 19 日，对 2 号 SCR 柜进行了烧毁器件的拆除和清扫，并用无水酒精逐一擦拭柜内元器件。9 月 20 日更换安装 PC04、PC01、PC022 三块电路板，对接 5 根霍尔元件的双芯屏蔽电缆，更换被烧毁绝缘层的控制线，安装 K3、K2、K4、K6 共 4 个单级直流接触器和 K5 换向接触器，换绝缘子、直流模块、T5 变压器等。

9 月 21 日调试恢复后的 2 号 SCR 柜：①跨接 SCR 柜电源断路器辅助触点，做指配试验（绞车 A 电机正反转、绞车 B 电机正反转、DWS 模式等），验证指配接触器动作正常；②做 SCR 柜可控硅触发试验，检查直流给定电路；③拆除应急措施更改的线路，按图纸恢复原绞车和 3 号泥浆泵的接线；④指挥司钻做空载运行试验，在不同指配下运行绞车，试验绞车的脚踏油门给定；⑤4 台 SCR 柜同时送电，运行 3 台泥浆泵和绞车。经测试以上各项功能均正常，2 号 SCR 柜修复完毕，运行正常。

经验总结：加强日常设备巡检力度，尽早发现设备隐患。

案例四　绞车 DWA 急停跳闸分析

钻机型号：ZJ70D

系统简介：东营汉德 2018 年 8 月制造，系统采用 ROSS HILL 直流调速系统，配备 4 个发电机控制柜、5 个直流控制柜，直流柜内 DC 模块额定功率分别为绞车、转盘 800A，泥浆泵 2000A，晶闸管容量 2500A。

故障时间：2020 年 1 月

施工工况：二开起下钻作业

故障现象：DWA 急停跳闸，工控机 HMI 界面有“DWA 急停”状态文本显示。另外，综合柜的 K2 继电器也得电(指示灯亮)。

原因分析：首先从 K2 继电器控制分析(见图 3-2 和图 3-3)，由控制原理图得知，K2 继电器的线圈完全是由外部硬件电路控制，并不受 PLC 影响，只是把触点信号接入到 PLC，PLC 只检测此信号的状态而用于绞车逻辑控制。

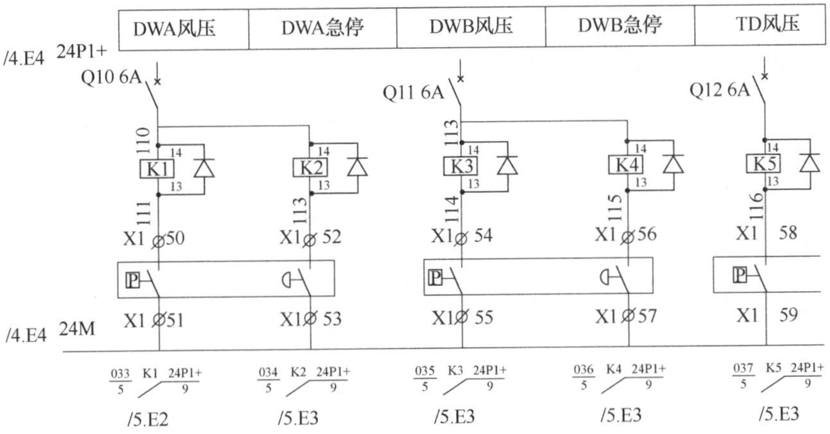

图 3-2　K2 继电器控制远离图

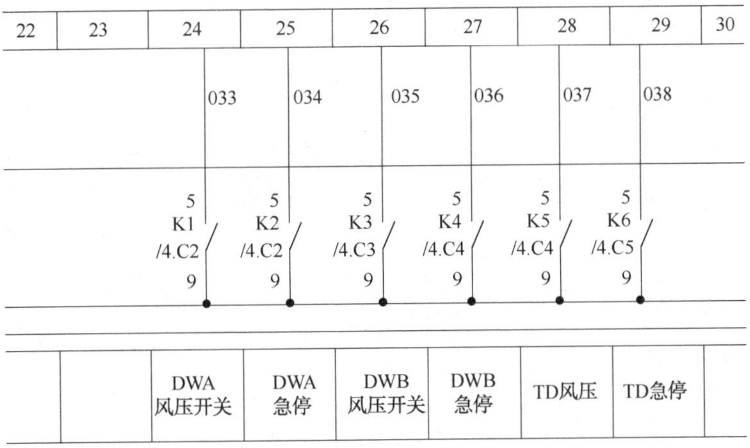

图 3-3　K2 继电器控制远离图

其次，从 HMI 组态程序中查得，DWA 急停状态文本只是单纯的 PLC 输入信号状态，也就是 K2 继电器的状态输入(见图 3-4)。由此得知，HMI 的“DWA 急停”和 K2 继电器其实是一回事，也就是 K2 继电器在 HMI 上的状态。K2 继电器得电导致“DWA 急停”跳闸信息，由图 3-2 可见，K2 继电器吸合的主要因素在于

X1 端子排的 52、53 端子的外部接线。继续查 X1 接线端子排的接线，发现 52、53 端子是接往 DWA 电机接线箱，只要此线路导通，则 K2 继电器就会得电并点亮(见图 3-5)。综上所述，DWA 急停跳闸需要检查外部电路接线，确保外部信号状态正确和接线紧固。

图 3-4　DWA 急停状态的文本理类型

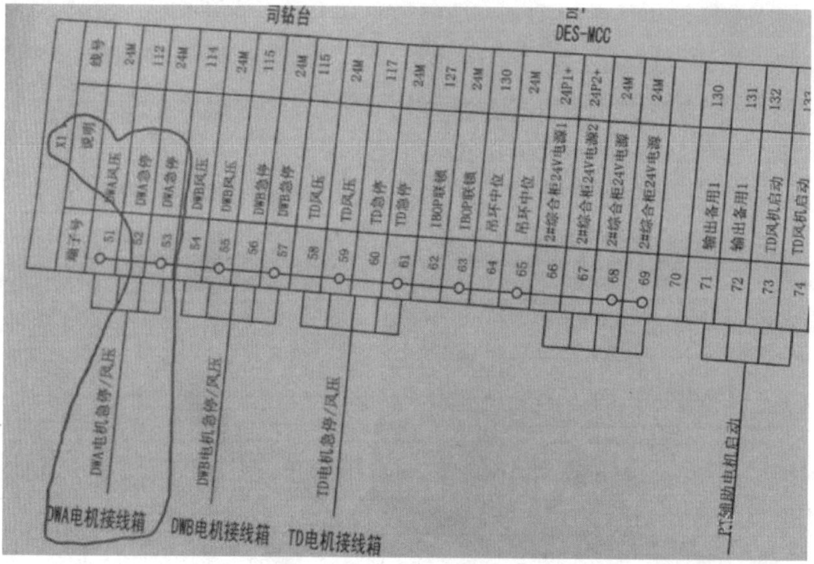

图 3-5　K2 继电器外接电路

处理方法：现场检查 52 端子、53 端子的线路连接和电动机接线箱内急停按钮，发现造成此次故障的原因是急停按钮老化，常开触点因弹簧弹力丧失导致意外接通变为常闭，52 端子、53 端子变为通路，使 K2 继电器得电，最终引发 PLC 报警，现场更换急停按钮后该故障再没有出现过。

经验总结：电动机外接线路短路或急停按钮、风压开关的失效都会引起类似故障的出现。

案例五 绞车风机启动故障处置

钻机型号：ZJ70DB

系统简介：高原公司 2012 年出厂，系统采用西安睿科生产的 70DB 电控系统，主要由西门子 S120 变频器、S7300CPU、CU320、AOP30、ET200 通信模块、电机模块等组成。

主发电机为四台 1310kW 的 MTU 发电机组，辅发电机为 400kW 的 VOLVO，泥浆泵为恒信 1200kW 交流变频电机作为动力，绞车为两台 800kW 交流变频电机，转盘为一台 600kW 交流变频电机，顶驱为景宏 70 型顶驱。

故障时间：2016 年 10 月 23 日

钻井工况：整拖一开前

故障现象：由 titas24 井整拖到 titas23 井，整拖完成后，试验绞车，发现绞车无法正常启动。

双电机模式启动绞车，风机启动后大约 5s 的时间，系统报绞车 A、绞车 B 风机故障。单电机启动绞车 A，系统也报绞车 A 风机故障；单独启动 B 电机，无故障。

原因分析：通过查找图纸，发现控制 A 风机的 24V 中间继电器 KA32 没电，KA32 是经由模块 SM03(6ES7 322-1BL00-0AA0)的 22 脚(Q2. 0)输出 24V，再通过二极管 VD12 后到继电器的 24V 线圈正极(见图 3-6 和图 3-7)。

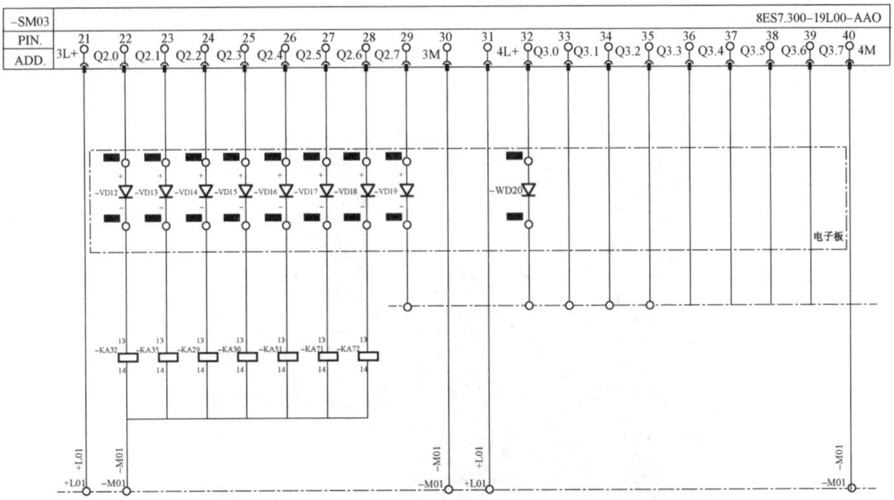

图 3-6 绞车 A 风机运行原理图

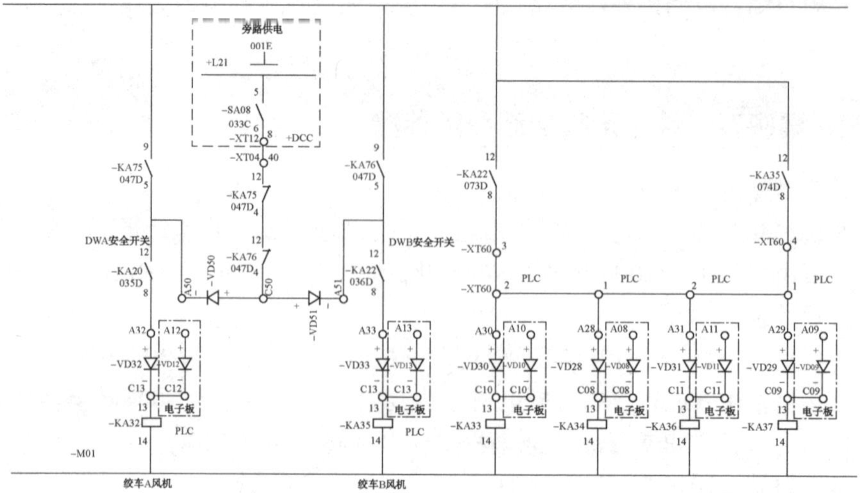

图 3-7　绞车 A 风机运行原理图

处理办法： 检查发现二极管 VD12 的管脚处虚接，重新接好后，故障排除。

经验总结： 该二极管处在 PLC 柜内，PLC 柜的柜门把手损坏，关闭不严，MCC 房内的空调机组运行时，风量较大，可能引起二极管的插线排松动，导致出现虚接情况。日常务必要将控制柜门修好并关闭，防止灰尘进入和流动气流损坏电器元件。

案例六　铁钻工故障排除及维修

钻机型号： ZJ70D

系统简介： TP90 型铁钻工由四川宏华 2019 年 11 月制造。它由立柱总成、支撑臂、滑车总成、扶正机构、前体总成和旋扣器(见图 3-8)。

图 3-8　TP90 型铁钻工

故障时间： 2020 年 1 月

钻井工况： 彭州 5-2D 二开起下钻作业

故障现象： 起钻过程中铁钻工无法实现主机械臂的左右转动以及前后伸缩。

原因分析： 信号放大板松动但指示灯依然显示正常(见图 3-9)。

处理办法： 断电，拔出重新插牢紧固。

经验总结： 信号放大板松动后指示灯依然闪亮，不能表观判断应认真排查。

图 3-9 信号放大板

案例七 泥浆泵链轮防滑故障

钻机型号： ZJ70D

系统简介： 四川宏华 2019 年 8 月制造，系统采用 ROSS HILL 直流调速系统，配备 4 个发电机控制柜、5 个直流控制柜，直流柜内 DC 模块额定电流分别为绞车、转盘 800A、泥浆泵 2000A，晶闸管容量 2500A。

故障时间： 2020 年 2 月 10 日

钻井工况： 一开钻进

故障现象： 泥浆泵链轮防滑灯始终常亮，为保障生产运行将 SCR 柜内链轮防滑板短接使用。

原因分析： 通过仔细研读图纸发现，泥浆泵链轮防滑板是根据霍尔元件对两台电机的电流进行比较，实现链轮防滑功能。这样问题就集中在霍尔元件上了，只要霍尔元件输出的电压信号差异不大就不应该报链轮防滑。顺着这个思路对 3 个泥浆泵的链轮防滑功能进行了检查。发现 3 台泥浆泵的霍尔元件输出的电压信号差异极大，从 0~16V，各个电压等级都有；仔细和观察霍尔元件，发现霍尔元件的安装朝向杂乱无章，根本就不是按照电流的流向安装的霍尔元件。

处理方法：首先对3个泥浆泵链轮防滑功能回路上的霍尔元件朝向进行了矫正，矫正完成后，检查链轮防滑板上的输入比较电压，发现电压依旧不对，有的电压居然是0，初步怀疑电控设备生产时安装工人没有将霍尔元件的4根线进行正确的排序，导致输入、输出都与厂家定义的不同。于是将霍尔元件的接头处扒开，发现6个霍尔元件每一个接线方式与线标都不同，通过咨询霍尔元件厂家，了解了霍尔元件的4根线不同的定义，调整排序后链轮防滑板上的比较电压输入正常了。但是2号泥浆泵链轮防滑功能依旧不正常，经过将2号泵链轮防滑板与3号泵链轮防滑板对调，确定2号泵链轮防滑板确实有故障，将电路板进行更换后，3台泥浆泵的链轮防滑功能恢复正常。

经验总结：霍尔元件4根线具有不同定义，同时安装具有方向性。

案例八　绞车电机过流故障

钻机型号：ZJ70D

系统简介：四川宏华2019年8月制造，系统采用ROSS HILL直流调速系统，配备4个发电机控制柜、5个直流控制柜，直流柜内DC模块额定功率分别为绞车、转盘800A、泥浆泵2000A、晶闸管容量2500A。

故障时间：2020年2月17日

钻井工况：一开钻进

故障现象：支配选择DWS模式，绞车的A电机与B电机同时运行时，A电机电流总是为B电机电流的2.5倍，并且运行一段时间后就报过流故障。

原因分析：由于设备一直在运行状态，一边钻进一边排除故障，处理起来就非常棘手。起初怀疑是给定的差异造成的，于是在起下钻时测量DC调速模块上A电机与B电机的给定，发现B电机的给定略小，检查线路发现是由于A电机与B电机的线路损耗不同，所以为了保持A、B电机同步运行时负载一样，就给B电机串接了一个分压电阻，未发现异常。继续观察直流柜及各接触器，发现K12接触器在运行时不能有效断开，导致绞车不能正常在DWA模式、DWB模式以及DWS模式之间相互切换，于是在起下钻测试仪器的空当时间，更换了K12接触器，更换完毕后测试发现故障依旧存在，A电机与B电机依旧不能功率匹配平衡。这时开始怀疑是由于DC模块内部放大电路不同的问题导致A电机与B电机同样给定下负载及电流的巨大差异，于是把A电机1、3号直流柜与B电机2、4号直流柜的DC模块进行了对换，再次上电实验发现问题依旧。通过与宏华维修工程师探讨并仔细研究图纸后发现造成A、B电机不同负荷的一个可能：能耗制动，由于A电机与能耗制动柜是并接在一起，所以负荷不均极有可能是能耗制动的原因。仔细检查线路发现，能耗制动柜的励磁单元的进线相序反了，终于一切都解释通了，由于能耗制动的励磁单元正负极反了，A电机的励磁电压总是被叠加一个反向电压，导致了A电机的电枢电压被拉高，励磁电压被拉低，A电机转速就被拉高了，所以总是A电机电流大B电机电流小，励磁电压得过小就会导致直流电机的一个可怕后果：飞车，就会有后面的A电机报过流故障。

处理办法：调整能耗制动励磁单元正负极方向，设备恢复正常。

结论总结：查找故障不能放过任何可能，因为出厂设备不一定真的完整调试过。不断提高业务水平不但要靠学习，也依靠平时对设备的细致观察。

案例九　绞车通信故障处置

钻机型号：ZJ70D

系统简介：兰石厂2004年5月制造，电控系统为新加坡西门子直流调速，系统配备4个发电机控制柜、3个直流调速柜，可控硅容量为1800A。

故障时间：2020年2月25日

钻井工况：放井架准备工作

故障现象：乐坝1井完钻，做放井架的准备工作。启动绞车，司钻台绞车故障指示灯亮，绞车主站PLC-300CPU“BF”灯亮，从站IM151模块“BF”模块灯亮，主站与从站无法建立通信。

原因分析：首先检查PROFIBUS DP通信电缆有无破损，因为前一天拆卸防喷器组绞车运转正常，拆泥浆泵电缆有可能损坏通信电缆，但经检查后通信电缆正常。然后又检查了司钻台DP插头，重新制作安装后重启CPU，故障消失，启动绞车后一分钟左右，故障灯亮，又报通信故障。最后，将PLC断电，拆开司钻台DP插头(3个插头，分别是MP1、MP2、DW)，分别测量通信电缆电阻和司钻台DP插头电阻，测量结果是：通信电缆229Ω(正常)；MP1电阻无穷大，MP2、DW电阻220Ω(正常)。更换MP1的DP插头，重新上电后，通信故障消失。

处理办法：更换MP1 DP BUS头。

经验总结：发生通信故障时要检查。

(1) 通信电缆：快速接插件有无插好。接插件有无进水，接插件内的焊接是否牢固。通信线有无短接或者是折断。

(2) REPEATER故障：检查REPEATER运行指示灯是否正常。

(3) DP插头问题：检查DP插头有无震动而松动，DP插头的线有无接好；DP插头电阻是否正常(A1B1间电阻是否是220Ω)；终端电阻设置是否正确：总线终端的DP插头上终端电阻位置在ON位置上，其余终端电阻位置在OFF位置上。

(4) 司钻台IM151接口模块故障：检查IM151模块，必要时更换。

案例十　西门子变频器整流柜 CU320 模块损坏

钻机型号：ZJ70DB

系统简介：高原公司 2012 年出厂，系统采用西安睿科生产的 70DB 电控系统，主要由西门子 S120 变频器、S7300CPU、CU320、AOP30、ET200 通信模块、电机模块等组成。

主发电机为 4 台 1310kW 的 MTU 发电机组，辅发电机为 400kW 的 VOLVO，泥浆泵为恒信 1200kW 交流变频电机作为动力，绞车为两台 800kW 交流变频电机，转盘为 1 台 600kW 交流变频电机，顶驱为景宏 70 型顶驱。

故障时间：2020 年 2 月 4 日

钻井工况：二开钻进

故障现象：控制其中一组整流的 CU320 的“READY 灯”不亮，AOP30 面板显示“等待通信”，和死机现象一样。用万用表检查 CU320 的 24V 电源供电电压正常。该组整流的两个主控开断路器不能合闸。

原因分析：CU320 损坏。

处理办法：更换新的 CU320，并将里面的 CF 卡插好。更换后，系统恢复正常。

经验总结：CU320 也会出现故障，表 CU320 的控制状态说明书见表 3-1。

表 3-1　CU320 的控制状态显示说明

LED	颜色	状态	描述
RDY	—	灭	装置供电缺失或超出允许范围
	绿	常亮	部件操作和 Drive-CliQ 通信准备就绪
		闪烁(2Hz)	写入 CF 卡
	红	常亮	CU320 存在故障
		闪烁(0.5Hz)	(BOOT ERRO)导入错误
	绿红	闪烁(0.5Hz)	CU320 准备/无软件导入
	黄	常亮	Drive-CliQ 通信正在建立
		闪烁(0.5Hz)	不能将固件写入内存
		闪烁(2Hz)	固件检测错误，冗余校验码错误
DP1	—	灭	通信循环还未进行(控制单元已做好操作准备，PROFIDrive 准备通信)
	绿	常亮	正在进行通信
		闪烁(0.5Hz)	通信循环部不能全部进行(主控制器未输入给定；没有 GC 或 GC 与主控制器同步错误)
	红	常亮	通信过程被阻断

续表

LED	颜色	状态	描述
OPT	—	灭	装置供电缺失或超出允许范围(装置未准备；BOP 未安装或装置目标连接错误)
	绿	常亮	BOP 准备就绪
		闪烁(0.5Hz)	BOP 面板操作
	红	常亮	装置故障 BOP 不能准备
MOD	—	灭	存储

案例十一　转盘润滑油泵故障检修

钻机型号：ZJ40LDB

系统简介：高原公司 2010 年出厂，电控系统采用西安宝德生产的 40LDB 电控系统，采用 ABB-ACS800 系列变频装置驱动转盘、自动送钻。转盘采用额定功率 400kW 单传动变频器，自动送钻采用额定功率 37kW 的变频器作为传动装置。

系统基于一体化设计理念，采用网络技术、计算机控制技术、变频与仪表技术实现钻机的一体化控制。

故障时间：2017 年 9 月 3 日

钻井工况：利 567-X3 井钻进作业

故障现象：正常钻进中转盘突然停止转动，工控机显示转盘电机润滑油泵故障，打开润滑油泵控制柜门发现，给润滑油泵供电的断路器 Q110C 跳闸。

原因分析：连日阴雨天气可能造成给转盘油泵供电的多芯辅助动力电缆的插头进水，导致插针打火。打开转盘电机接线盒，测量发现多芯母插头有一处存在明显打火迹象，测量接线盒子内的端子排，发现给润滑油泵供电的端子排三相电中有一相没电，导致油泵缺相跳闸。

处理方法：由于现场没有 20 芯插座的配件，为不影响正常钻进，采取了外接电源给转盘润滑油泵，并保证油泵电机转向正确，对端子排处给油泵供电的电源线做好绝缘包扎处理。针对 PLC 的故障报警，采取了直接将 Q110C 断路器合闸，这样就保证了系统不会报警，成功屏蔽故障报警。恢复正常钻进，待配件到井后，更换好插头插座，并将转盘接线盒做好密封处理(见图 3-10)。

经验总结：西南地区多雨，配电箱和防爆箱必须密封良好。

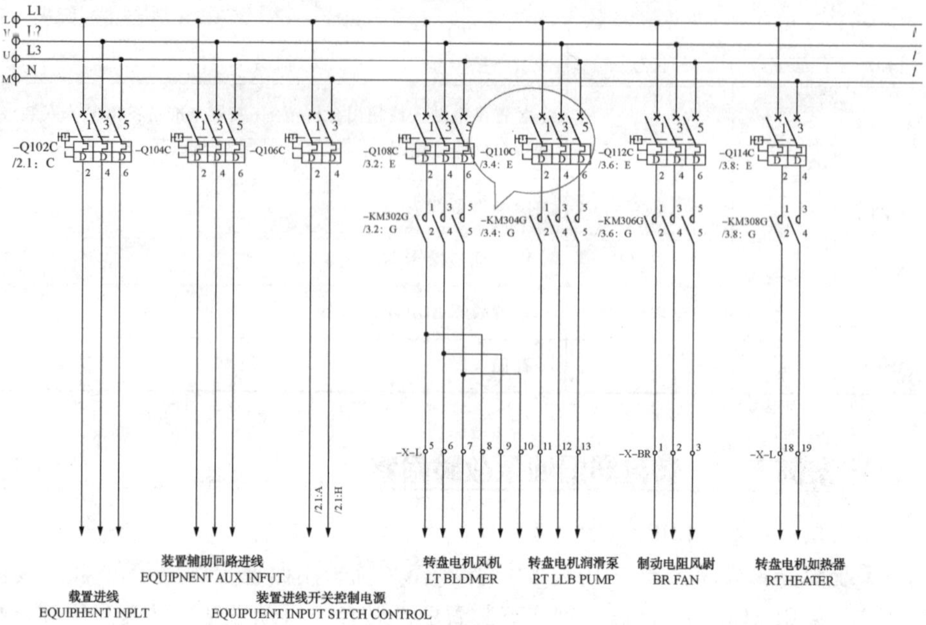

图 3-10　润滑油泵原理图

案例十二　自动送钻故障维修过程

钻机型号：70D

系统简介：东营汉德 2019 年 10 月制造，系统采用 ROSS HILL 直流调速系统，配备 4 个发电机控制柜、5 个直流控制柜，直流柜内 DC 模块额定电流分别为绞车、转盘 800A、泥浆泵 2000A，晶闸管容量 2500A。

故障时间：2020 年 2 月 20 日

钻井工况：三开钻进作业

故障现象：自动送钻风机运转正常、变频器运转正常，而送钻电机不工作。

原因分析：(1) 用西门子 STEP 7 软件连接司钻房 PLC 检查电机启动控制梯形图，发现 2#润滑油泵无反馈，构不成通路；

(2) 配合工长对 2#润滑油泵及其相应的润滑油路逐项检查，并对各个旋转部位用测温枪测量温度，发现一切正常。

处理办法：(1) 由于控制软件的更新，盘刹和绞车构成互锁，正常打钻，绞车必须旋转，鉴于油压正常，将 2#润滑泵在油泵控制侧短接反馈信号，发现仍然不能正常工作。

(2) 在 PLC 处直接给定 24V 信号，此后一切正常。

经验总结：故障问题比较明显，在油泵抽屉和 PLC 连接的这一段，会存在接触不良。

案例十三　触摸屏失电故障排查

钻机型号：ZJ70D

系统简介：东营市汉德自动化集成有限公司 2019 年 10 月制造。系统采用 ROSS HILL 直流调速系统，配备 4 个发电机控制柜、5 个直流控制柜，直流柜内 DC 模块额定功率分别为绞车、转盘 800A、泥浆泵 2000A，晶闸管容量 2500A。

故障时间：2020 年 3 月 21 日

钻井工况：取心作业

故障现象：下钻到底循环排后效后，准备开始塑心，司钻在司钻房操作触摸屏切换至自动送钻，加压至 4t。左右两侧的西门子触摸屏黑屏。安全钳抱死，无法使用绞车进行取心作业（见图 3-11）。

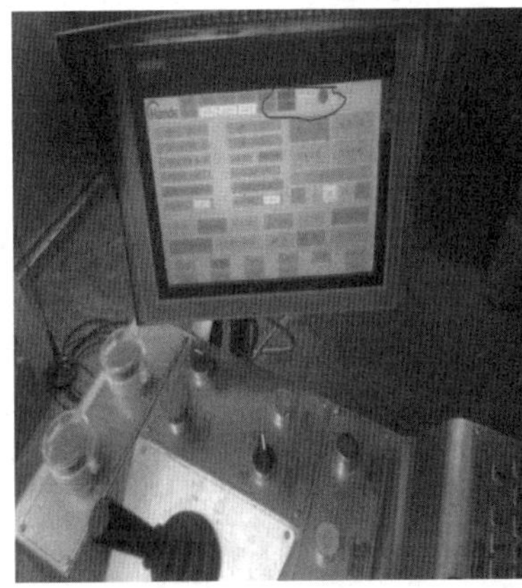

图 3-11　触摸屏黑屏

原因分析：故障出现后，打开司钻房 PLC 控制柜，发现 PLC 及交换机都没有通电，检查保险，发现 F18 综合控制保险烧坏，24V 正极保险烫手，怀疑有短路的地方（见图 3-12）。

处理办法：当时使用 B 系统，PLC 不亮，发现 F18 综合控制保险烧坏，取掉绞车阀岛 1 和阀岛 2，合上后 F18 保险没烧，检查下面接线，发现保险座有问题；更换 F16 保险座，重新上电后，屏幕恢复正常，钻机正常使用了。过了 10min 左右，又出现同样问题，经仔细查找发现立管压力传感器的线破皮打铁，导致短路。更换一根备用线，绞车恢复正常使用（见图 3-13）。

图 3-12　F18 保险损坏

图 3-13　立管压力电源线破损

经验总结：加强平时对线路的巡查和防护，特别是电源线、通信线与金属有摩擦的地方应采取垫胶皮进行防护，防止震动出现摩擦损坏电缆。

案例十四　触摸屏通信故障分析与处置

钻进型号：ZJ70D

系统简介：东营市汉德自动化集成有限公司 2019 年制造，系统采用 ROSS HILL 直流调速系统，配备 4 个发电机控制柜、5 个直流控制柜，直流柜内 DC 模块额定功率分别为绞车、转盘 800A、泥浆泵 2000A，晶闸管容量 2500A。

故障时间：2020 年 1 月 19 日

钻井工况：试压作业

故障现象：试压车来后，准备组接试压钻具，司钻在司钻房操作左侧触摸屏启动电机，电机启动后合低滚筒不转，松开无放气。左右两侧的西门子触摸屏显示不同步。SCR 急停、GEN 急停、盘刹急停、气路急停、4 个亮红、屏幕出现了“#####”，SCR1-4#柜不显示，触摸屏幕无反应，右侧图标显示系统正在加载。

原因分析：故障出现后右侧触摸屏出现“#####”，咨询厂家维修人员得知这种故障属于通信问题，是由于钻进期间顶驱带螺杆打钻造成井架震动引起插头松动或网线松动原因(见图 3-14)。

图 3-14　触摸屏显示异常故障

处理办法：断开 F13 保险再合，右侧显示屏重启，启动后又显示“#####”，重启 SCR 房 PLC、重新插拔屏幕下 DP 插头也不行。咨询厂家维修人员后重新确认现场 DP 头上 ON、OF 的位置，触摸屏下方的通信线 DP 头应打到 ON 状态，其他两根通信线的 DP 头应打到 OFF，重启系统后，屏幕恢复正常，钻机恢复正常使用(见图 3-15)。

经验总结：钻井现场震动对电气设备的危害性凸显，设备管理人员应高度重视，加强日常设备的巡检力度，及时发现设备隐患。

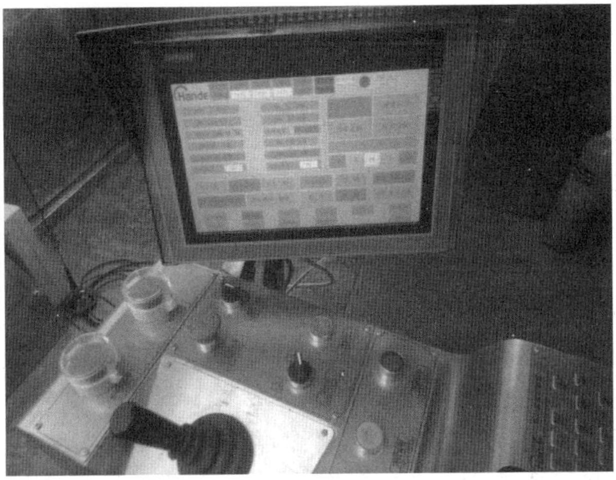

图 3-15　触摸屏恢复通信

案例十五　绞车通信故障排查

钻机型号： ZJ70D

系统简介： 新加坡西门子公司于 2004 年制造，系统采用西门子 PLC300，主站 CUP314-2DP，从站 ET200S，PROFIBUS 现场总线，分布式 IO。

故障时间： 2020 年 2 月 25 日

钻井工况： 起井架

故障现象： 绞车 OP17 报通信故障，主站 PLC 的 CUP314 模块的 BF 灯亮。

原因分析： 司钻房绞车分站报通信故障，且绞车分站处于通信网络末端，该通信故障可能由于电流波动的原因，具体原因包括：手轮输入信号不稳定，由 PLC 输 DP 头、分站模块和通信线引起，经排查判断为通信模块损坏导致的。

处理办法： 更换 ET200S 通信模块，系统恢复正常。

经验总结： 通信故障往往由外接通信电缆、BUS 头或者通信模块引起。

案例十六　泥浆泵 A 电机频繁停机故障

钻机型号： ZJ70D

系统简介： 3 号泥浆泵电控系统为东营汉德自动化集成有限公司 2017 年制造，系统采用 ROSS HILL 直流调速系统的 DC 模块模拟调速，DC 模块额定电流为 1600A＊2，晶闸管容量 1800A，配备 2 台额定功率 800kW 直流电动机，励磁方式为他励。

故障时间： 2020 年 4 月 6 日

钻井工况： 一开完钻，做平移准备。

故障现象：开钻时，由于西门子 SCR 系统 1#泥浆泵触发板故障，1#泵无法运转，考虑到 1#泵比 3#泵上水效率高，就用 3#泥浆泵控制系统(ROSS HILL)驱动 1#泵。一开钻进期间，1#泥浆泵 A 电机控制柜频繁故障停机(故障指示灯亮、控制柜停止运行，断路器不跳闸)，导致 A 电机单独运转，致使皮带打滑。

原因分析：(1)前期工作：经现场电气工程师与汉德维修人员检查，运转时及故障停机后，风压、急停、温控开关正常均正常。怀疑是 DC 模块故障导致停机，从 70579 泥浆泵控制房内拆下一 DC 模块更换后运行，运转一天后又出现之前故障。有时一天跳闸十几次，有时一天都运转正常。汉德维修人员又多次检查都没有找到原因。因不能耽误生产，每次停机时只能立即停泵，重启系统，一直用到一开完钻。

(2) 一开完钻后对控制系统重新进行检查。针对 A 电机频繁停机的问题，单独启动 A 电机观察运转情况。

(3) 启动 A 电机后，缓慢给定转速，发现电枢电流上升很快，电机转动缓慢；继续增大转速给定，电流很快升至 1600A，电机还是缓慢转动甚至基本不动，立即将给定归零。为什么双电机能正常启动，单电机就无法启动？

(4) 启动 A 电机并给定转速，用钳型电流表测量电机电枢及励磁电流，发现电机电枢电流上升很快与控制柜电流表度数一致，而励磁电流却为 0，测量 B 电机励磁电流有 50A。

(5) 很明显，A、B 电机的励磁电缆接反了，困扰了十几天的 A 电机频繁停机问题终于找到原因了。

处理办法：将 A、B 电机励磁电缆倒换后，重新上电测试 A、B 电机，均运转正常。

经验总结：设备安装后没有进行单电机调试，未能及时发现问题，造成后期处理走了不少弯路，影响泥浆泵运转的连续性。

案例十七　泥浆泵 SCR 断路器无法合闸

钻机型号：ZJ70D

系统简介：1 号泥浆泵电控系统为东营汉德自动化集成有限公司 2017 年制造，系统采用 ROSS HILL 直流调速系统的 DC 模块模拟调速，DC 模块额定电流为 1600A，晶闸管容量 1800A，配备 2 台额定功率 800kW 直流电动机，励磁方式为串励。

故障时间：2020 年 4 月 12 日

钻井工况：钻进作业

故障现象：1#泥浆泵更换活塞后，泥浆泵 SCR 柜主断路器储能后无法合闸，ON 按钮机械锁定按不动。

原因分析：欠压脱口线圈未得电，导致断路器无法合闸。

处理办法：(1)由于刚检修完泵，询问副司钻急停按钮是否旋出，回答已经旋出。(2)查阅图纸发现，欠压脱扣控制回路上串有风压常开触点、急停常闭触点、晶闸管快融常闭触点、温控常闭触点。(3)重新检查电机急停按钮，发现A电机急停按钮旋出、B电机急停按钮未旋出。将B电机急停按钮旋出后，断路器ON按钮能被按下，重新合闸正常。

经验总结：岗位操作人员责任心不够强，工作不够细致，检修完泥浆泵后旋出急停按钮后未确认。

案例十八　泥浆泵给定后不运转故障分析与处置

钻机型号：ZJ70D

系统简介：1号泥浆泵电控系统为东营汉德自动化集成有限公司2017年制造，系统采用ROSS HILL直流调速系统的DC模块模拟调速，DC模块额定电流为1600A，晶闸管容量1800A，配备2台额定功率800kW直流电动机，励磁方式为串励。

故障时间：2020年4月13日

钻井工况：钻进作业

故障现象：泥浆泵手轮给定后，电机不转，输出电流为零。司钻反应新安装的1号泵，有时需要操作几次工作开关，泥浆泵才能工作。

原因分析：(1)手轮给定后，DC模块零位开关常开触点不闭合。(2)电路接线不科学，不能按习惯操作。

处理办法：(1)司钻旋动手轮后，DC模块零位指示灯不熄灭，判断手轮零位没有闭合。

(2)打开远程控制箱，测量零位触点，旋手轮确实不导通。测量另外一组触点工作正常，将导线更换位置。

(3)上电后，将转换开关打到工作位置，旋动手轮，DC模块零位指示灯熄灭。但泥浆泵还是无法启动，查看远控箱图纸，发现零位继电器吸合后，转关开关打工作位置，远控箱使能信号才有输出。

(4)通过研究电路图，得出泵的启动顺序应该是先操作手轮使零位开关接通，打工作旋钮开关至工作，再转动手轮给定需要的转速。这样操作后，泵可以正常启动。

(5)改进，中完时，将自复式旋钮开关改为锁定式旋钮开关。改成习惯的操作程序：先打工作，再给手轮(见图3-16)。

经验总结：设备更换后，要通过阅读手册迅速熟悉并掌握设备的性能原理及操作规程。

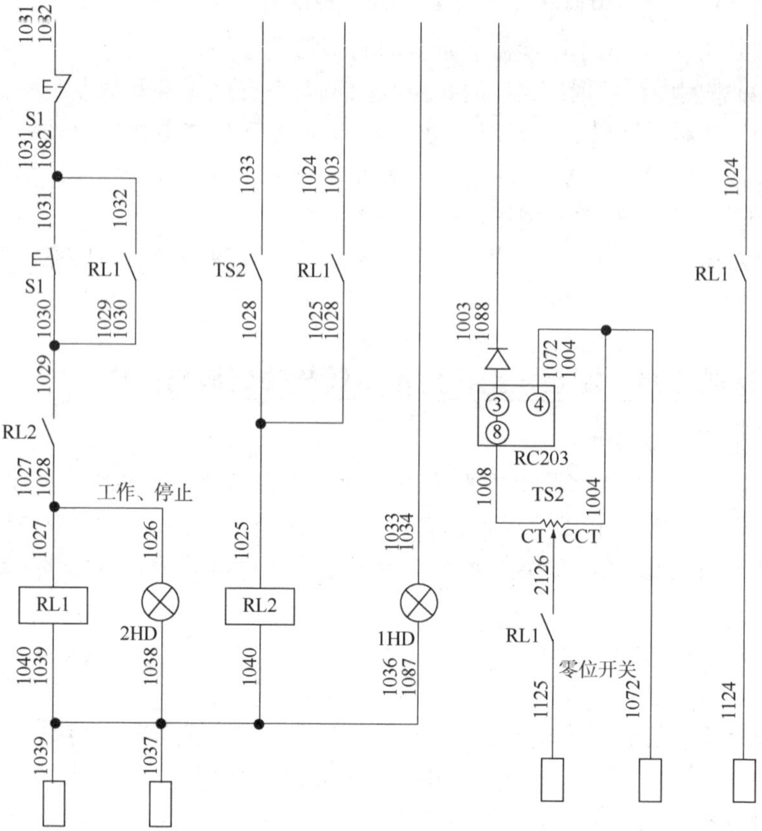

图 3-16　泥浆泵远控箱电路图

案例十九　泥浆泵电流波动过大故障处置

钻机型号：ZJ70D

系统简介：2 号泵电控系统为新加坡西门子公司的直流调速系统，于 2004 年投产，晶闸管容量 1800A，配备 2 台额定功率 800kW 直流电动机，励磁方式为串励，通信系统采用西门子 PLC-300 系列，主站 CUP314-2DP，从站 ET200S，PROFIBUS 现场总线，分布式 IO。

故障时间：2020 年 3 月 18 日

钻井工况：钻进作业

故障现象：2 号泵电流波动大，电机转速不稳。

原因分析：(1)起初判断 2 泵电流波动较大是由于泥浆泵上水不好引发，排除上水因素后，确定为电控系统的原因；(2)排查后判断电流波动的原因由手轮输入信号不稳定、PLC 输出到触发板的信号波动大导致控制晶闸管的信号不稳定，将泥浆泵的原厂程序重新写入PLC后重启试运行2号泵，发现电流还是不稳定，检查触发板，判断触发板故障。

处理办法：更换触发板。

经验总结：触发板故障，输出触发信号异常，导致整流不稳定。

案例二十　他励泥浆泵电机跳闸故障分析

钻机型号：ZJ70D

系统简介：1号泥浆泵电控系统由汉德公司2017年制造，采用ROSS HILL直流调速控制系统，DC模块额定电流1600A，励磁模式为他励系统，晶闸管容量为2500A，配备2台山西永济额定功率800kW直流电动机。

故障时间：2020年2月21日

钻井工况：钻进作业

故障现象：正常运转过程中1号泵A电机跳闸。

原因分析：(1)排除电缆引发故障的可能性后，基本锁定是电控问题，经测量发现失去电流后电机仍有励磁，且励磁电流正常。(2)测量给定信号进DC模块的125端子信号正常，然后测量DC模块输出到脉冲变压器的信号，发现无信号，判断DC模块损坏。

处理办法：更换DC模块后1号泵恢复正常。

经验总结：DC模块损坏可能造成无信号输出。

案例二十一　泥浆泵使能故障排查总结

钻机型号：ZJ70D

系统简介：宝石公司2009年出厂，系统采用西安宝美生产的70D直流调速系统，主要由西门子S7-300PLC、5套SCR柜、4套GEN柜、MCC柜等组成。

主发电机为4台1200kW的CAT3512B发电机组，辅发为400kW的Volvo，泥浆泵为两台永济800kW直流电机作为动力，绞车为两台800kW直流电机，转盘为1台800kW直流电机，顶驱为VARCO-11SA型顶驱。

故障时间：2020年4月10日

钻井工况：起下钻作业

故障现象：在下钻过程中，司钻准备用1号泵顶通循环，合上1号泵风机开关，风机运转正常，手轮给定转速后，司钻发现1号泵没有泵冲显示，电机不运转。

原因分析：故障发生时指配开关在1点钟位置，2号整流柜带1号泵，打开2号整流柜门，发现DC模块零位锁定指示灯常亮(见图3-17)，由此判断1号泵使能信号没有到位。

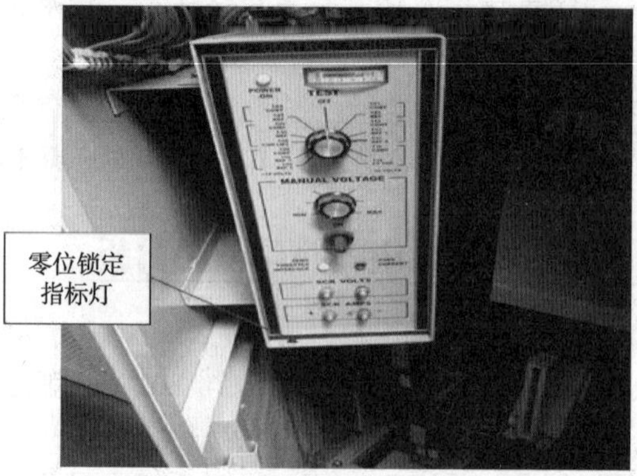

图 3-17　直流模块

根据使能回路电路图(见图 3-18)测量-14VDC 的使能信号，测得 2 号整流柜内的继电器 RL13 的 3 号端子电压为-14VDC，4 号端子电压为 58VDC，由此判断 3、4 常开触点未接通。继续测量继电器 RL13 的线圈电压为零，初步断定 1 号泵的锁定继电器(RL13)未得电，导致使能信号不通，故障原因应该在 1 号泵锁定回路。

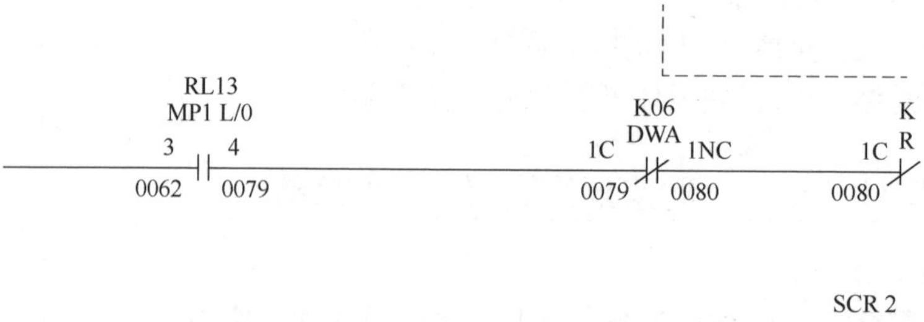

图 3-18　使能回路部分电路图

根据锁定回路电路图(见图 3-19)测量熔断器 F73 的 01 端子和 02 端子都有 115VAC 电压，然后继续测量 TB20-01 端也有 115VAC 电压，但是 TB20-02 端电压为零，由此怀疑问题出在电机本体上的急停和风压开关回路上面。

处理办法：锁定 1 号泵以后，打开 A、B 电机接线盒，测得急停开关常闭触点正常，风机运转后测得 B 电机风压开关常开触点导通，A 电机风压开关常开触点未导通(见图 3-20)。

最后更换新的风压开关后，问题解决，1 号泥浆泵正常运转(见图 3-21)。

经验总结：由于连续多天暴雨，空气潮湿，风压开关内原本就积有灰尘，导致常开触点受潮发卡，不能动作。建议定期清理电机接线盒内的灰尘，清理风管，定期检查风压开关和急停开关，并且做好电机接线盒的密封防尘防雨工作。

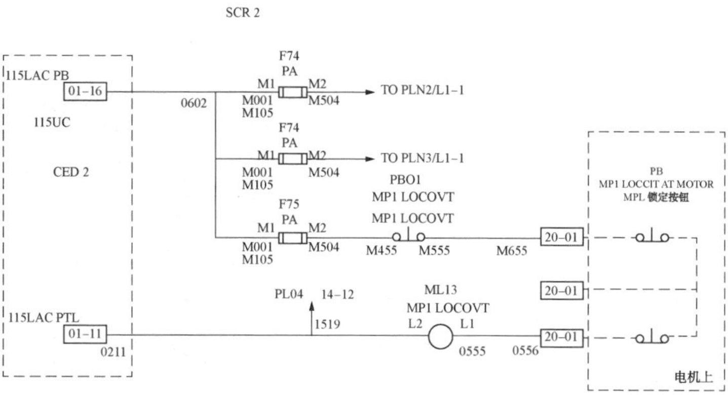

图 3-19　1 号泵锁定回路电路图

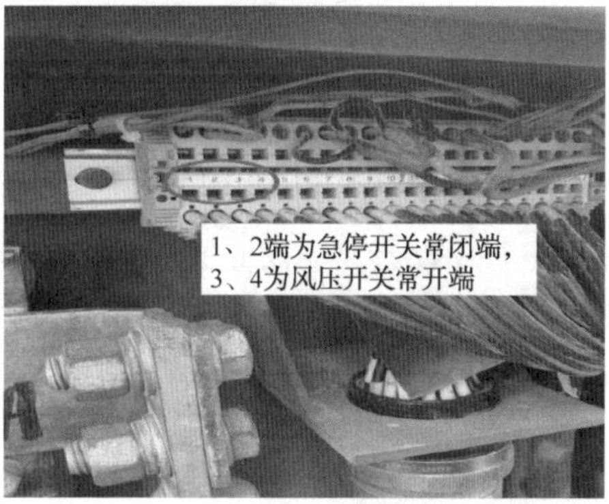

图 3-20　1 号泵接线盒内接线排

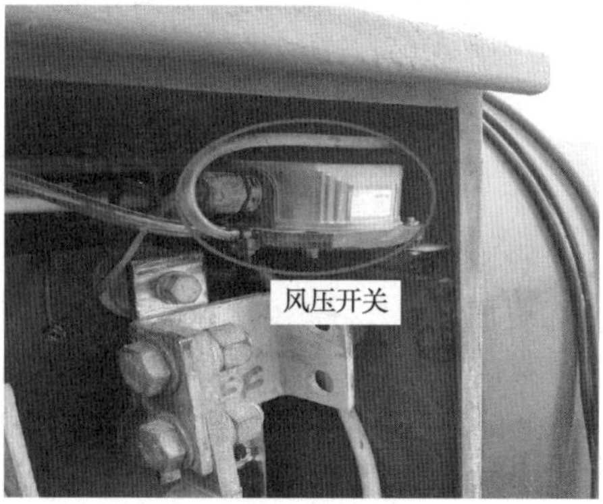

图 3-21　风压开关

案例二十二　软启动柜交流接触器触点粘连分析

钻机型号： ZJ70D

系统简介： 东营汉德 2019 年 10 月制造，电控系统为 ROSS HILL 直流调速系统，配备 5 个直流调速柜，DC 模块额定容量分别为绞车、转盘 800A，泥浆泵 2000A，晶闸管容量为 2500A，配套的软起柜为施耐德软启动器，进行升压升频、工频切换来达到对大型鼠笼异步电机(55kW 及以上)降低启动电流、减少电网冲击的目的。

故障时间： 2020 年 4 月 10 日

钻井工况： 钻进作业

故障现象： 75kW 加重泵电机过载超温烧毁导致对应的软启动柜内交流接触器触点粘连，致使其他四路软启都不能使用(见图 3-22)。

处理办法： 拆掉损坏的接触器，更换新的接触器。由于软启动柜设计得非常紧棒，维修、更换非常不容易，并且接触器的固定方式是螺栓带帽，这种方式让拆卸难度加大，需要自制弯头工具，维修人员完全靠手触摸进行拆装(见图3-23)。

图3-22　交流接触器触点粘连

图3-23　更换交流接触器触点

经验总结：现场大功率电动机在运转前要进行手动盘泵，防止泵头阻卡，运行后要加强工作状态的巡检，观察电机运行电流是否正常，采用测温枪测量电机温度是否正常，温升是否正常。这样才能有效避免电机和电控系统损坏。

案例二十三　泵压显示突然升高问题排查

钻机型号：ZJ70D

系统简介：西安宝德2010年11月制造，5个直流调速柜，可控硅容量为2000A。

故障时间：2018年8月28日

钻井工况：二开循环

故障现象：二开16英寸井眼完钻，钻进及循环排量800GL/min，正常立压2350psi(16.2MPa)。根据程序泵入40BBL高黏循环清洁井眼，转回常规泥浆循环后，突然1号泵泵压瞬间升高至4200psi(28MPa)，而2号泵泵压正常为2400psi(16.5MPa)，钻台立压显示正常为2350psi(16.2MPa)。

原因分析：立即停泵排查原因，期间将井口立柱提至最高点，保持钻具活动。停泵后两台泵泵压表均归零，因此排除泵压表损坏而导致的指示不准确，而因2号泵及钻台立压均正常，初步判断为钻井液高黏内聚合物聚集导致1号泵排水滤子堵塞，打开后发现1号泵排水滤子通畅无异物。因此堵塞处应在其他位置。

对两台泵分别短路循环跑低压(即分别打开低压闸门循环1号泵、2号泵)，两台泵均正常。由此判断堵塞处应为 1 号泵高压管线段。

因为一直怀疑堵塞物为高黏内聚合物聚集，因此采取双泵对向大排量跑低压循环(即保持 1-1、1-2、2-1 和 2-2 全部打开，打开 1-0，关闭 2-0，启动 2 号泵循环；或者打开 2-0，关闭 1-0)，见图 3-24。启动 1 号泵循环，企图将堵塞物冲出去，结果两台泵均憋压，且同排量下泵压相同并保持稳定。由此判断堵塞物不移动或者不因排量压力变化而产生形状改变，只有闸门损坏才能形成该情况。

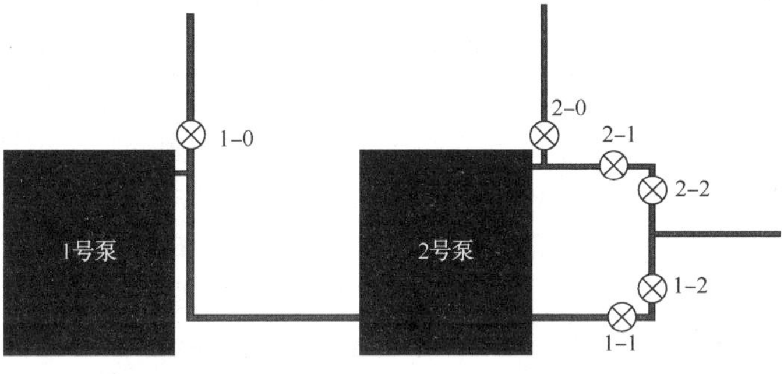

图 3-24　泵房闸门组位置示意图

拆 1 号泵闸门组进行检查，拆除 1-1 闸门后发现该闸门控制机构虽处于开位，但闸板芯处于关位(见图 3-25)。

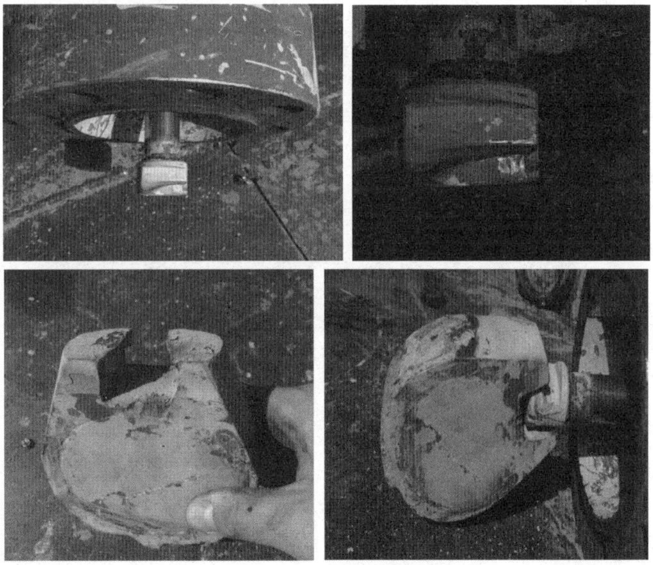

图 3-25　闸门损坏

处理方法：更换新闸门后，恢复正常循环。经拆解更换下来的坏闸门，发现闸板芯与连接杆的悬挂部位均被刺毁，导致连接杆无法挂住闸板芯，而高黏和普通泥浆之间的切换导致了闸门内压力变化而使闸板芯晃动脱落。

经验总结：(1)该高压闸门位于1号泵近泵端，因此日常开泵状态下最先受到冲蚀。

(2) 一开二开泥浆固相含量和含沙量均较高，加重了对闸门的冲蚀。

(3) 二开16in井眼钻进过程中经常有井漏情况需要打堵漏剂，而1号泵更加靠近堵漏剂仓6A，为防止堵漏剂堵塞管线，一直用1号泵打堵漏剂。堵漏剂内含有大量棉籽壳和坚果壳等坚硬固体，对闸门密封面的冲击加速了闸门密封失效，从而加剧了连接处的冲蚀。由于每台泵都是双高压闸门，在本井二开试压过程时，仅对1-2闸门进行了试压，对于1-1闸门的情况没有及时了解。

(4) 开钻试压时，认真对每组闸门进行试压，对于试不住压的闸门，要及时进行更换。井队现场也可备用一个同型号闸门，利用套管内起下钻、完井作业及搬家等时间，对各个闸门轮流替换下来进行拆检和保养。

案例二十四　盘刹左右工作钳刹车不同步故障处置

钻机型号：ZJ70D

系统简介：盘刹由北京普世科石油机械有限公司2019年制造(见图3-26)。

故障时间：2020年5月25日

钻井工况：四开旋导钻进作业

故障现象：旋导钻进划眼接立柱前，司钻操作电子刹把时发现，左右工作钳压力不一致：一个快一个慢，刹车一下抱不死，无法正常使用(见图3-27)。

图3-26　普世科盘刹

图3-27　左右工作钳不同步

原因分析：故障出现后，打开司钻偏房控制柜，观察发现普世科电路板上的两个放大器指示灯不一致，询问厂家后有个放大器不工作，断电重启后，故障依旧存在(见图3-28)。

处理办法：用type-c数据线连接放大器，打开迪普马放大器调试软件，高级账号授权后，找到端口读取信息，打开文件——导入普世科最新优化版比例阀文件——进度条走完，完成，断电重启后，操作刹把左右钳压力摆动一致，故障解除（见图 3-29）。

经验总结：前期司钻就反映过液压盘式刹车不好使，厂家维修人员到现场刷新了最新优化包程序，在现场电气工程师的要求下对优化包的软件及备份做了保留。此次故障处理正好派上用场，缩短了处理时间，保障了井下安全。

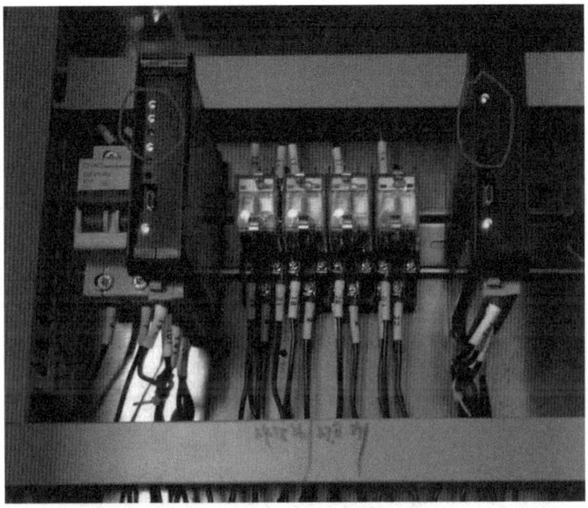

图 3-28　盘刹放大器工作位不一致

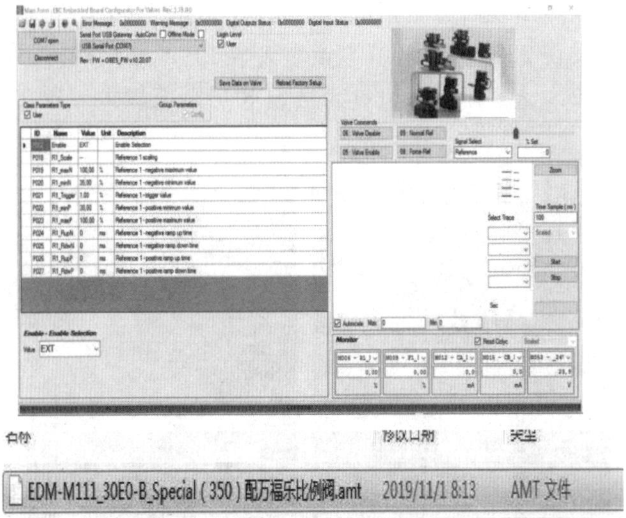

图 3-29　迪普马放大器调试软件

案例二十五　液压大钳不动作原因分析与处置

钻机型号：ZJ70D

系统简介：组合液压站由中国石化胜利工程有限公司钻井工艺研究院2019年制造。

故障时间：2020年1月13日

钻井工况：二开作业

故障现象：钻进接立柱准备使用液压大钳，液压大钳没法使用。综合液压站左上总闸指示灯亮，液压泵电机正常运转，右侧液压大钳旋钮打到加压状态，指示灯不亮(见图3-30)。

图3-30　液压大钳加压指示灯不良

原因分析：故障出现后加压指示灯不亮，说明电源没有接通，打开综合液压站右侧控制柜，发现220V稳压电源烧坏，左侧2P断路器跳闸，24V开关电源不供电导致液压大钳无法工作，分析可能是SCR房谐波较大导致220V稳压电源烧坏(见图3-31)。

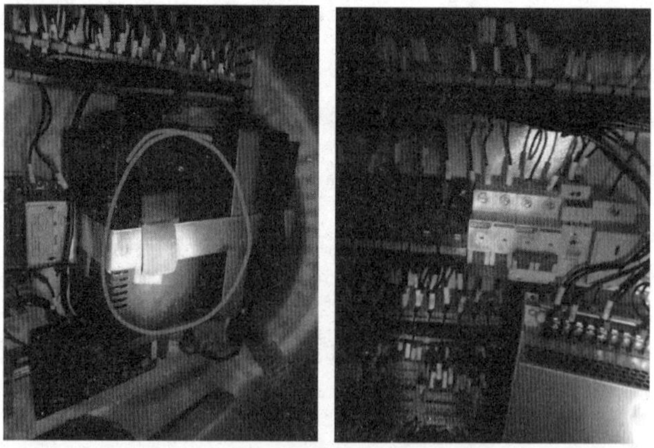

图3-31　220V稳压器损坏

处理办法：外接 220V 临时线路给开关电源供电，液压大钳恢复正常使用，后期改造使用 380V 转 24V 抗谐波较好的变压器电源，问题得到解决。

经验总结：建议在 SCR 房内合理配套电抗器，改善谐波危害。

案例二十六　西门子 PLC 程序丢失故障处理

钻机型号：ZJ70D

系统简介：西安石油勘探仪器总厂 2004 年 3 月产，电控系统为系统 ROSS HILL 直流控制系统，配备 4 个发电机控制柜、4 个直流控制柜，DC 模块额定电流分别为绞车 800A、泥浆泵 1600A，晶闸管容量为 2000A。

故障时间：2020 年 9 月 6 日

钻井工况：试压

故障现象及处理办法：

(1) PLC 及程序故障

现场 PLC 报故障，CPU 拨动开关在 RUN 时，SF 灯常亮，STOP 灯 1.5Hz 闪亮，判断 CPU 硬件故障或者程序出错。用 STEP7 连接 PLC，上传程序打开后发现硬件组态只有 PLC300 主站，没有 IM153 从站，各模块型号序列号丢失且无法识别。重新组态硬件，下载到 PLC 失败，打开程序，发现数据块中只有系统数据块、功能块，背景功能块等程序块全部丢失。找到备份的原程序后，下载到 PLC 中，经过两次失败后，最后一次终于成功。PLC 打 RUN 后，PLC 正常运行，开始调试设备，绞车还是无法运转，检查过程中，PLC 突然停止运行，SF 灯亮起，STOP 灯闪烁，和之前故障现象一样。连接电脑，发现 PLC 程序丢失。为保证井上正常生产，决定先使用旁路，恢复钻机使用。

(2) 绞车旁路故障

先检查绞车旁路系统。风机打到手动，司钻台开关打绞车正转，接触器不吸合，检查 K05 接触器，发现 K05TOP 吸合，且断电后仍吸合。于是用螺丝刀将接触器分开，重新使能，K05TOP 吸合，给手轮，绞车仍然不转。这时测得 DC 模块 DWA REF 电压始终为 0V，无给定信号。打开司钻台控制箱，测得电位器输入有-8.2V，旋动电位器电压始终为 0V。更换电位器后，绞车启动运行正常，进行试压作业。

(3) 1#泵旁路故障

检查泵旁路系统，司钻台 1#泵开关打运行后，1#SCR 柜接触器不吸合，检查发现 1#泵开关坏了，触点不闭合。现场没有开关，于是将触点短接，打旁路后，-14V 电压通过，但直流接触器仍然不吸合，检查直接接触器，线圈电阻正常，线圈两侧电压均为 60V，无-14V 电压，说明从钻台下来的-14V 电压仍然没有到达接触器。于是按图纸一点一点查找，最后找到防滑电路板的 17 端子、18

端子没有导通，判断防滑电路板坏，将 17 端子、18 端子短接后，直流接触器吸合，转动调速手轮，手轮离开零位一点，随电机飞速转动，直流电流表显示 1500A，发电机憋停。怀疑是两电机转向相反，于是拆掉 B 电机电缆，单独运转 A 电机。单电机运转同样飞速转动，电流 1500A 发电机憋停。分析后怀疑电位器出了故障，刚开始旋动电位器就是最大给定，于是对电位器进行测量，输入-8.2V，旋动电位器测量输出，刚开始+11.9V，旋动 10%后突然变成-7.8V，且保持不变，怀疑电位器损坏。拆除 DC 模块 125MP1 REF 端子，测量 DC 模块 125 端电压 12V，旋动电位器测量给定电压，-7.8V 保持不变，确定电位器损坏。更换电位器后，由于担心像前几次一样造成发电机憋停，影响试压施工，所以等试压结束后再试运转。试压结束后继续测试旁路。1#SCR 柜带 1#泵单电机运转正常，2#SCR 柜带 3#泵运转正常。至此旁路测试完毕。

(4) PLC 故障排查

对 MMC 卡格式化后，重新写入程序。在从站输入信号，主站一 DO 模块(模拟量输出 SM321)没有反应，在线诊断硬件发现，DO 模块未连接。此模块为 DODC24V×16bit，0.5A。更换背板总线后故障依旧。于是决定更换 DO 模块，现场只有一个 32bit 模块。更换模块后，将组态中原有 DO 模块删除，添加新 DO 模块时发现之前的 16 位模块地址从 1.0 到 2.7。新 32 位模块需要占用 4 个字节从 1.0 到 4.7，但地址 3、4 已被占用，所以采用默认地址 40.0 到 43.7，将程序中地址 1.0 至 2.7 的参数，改成 40.0 至 41.7，修改好以后保存下载至 PLC。运行 PLC 后进行调试，PLC 所有功能均正常。

经验总结：(1)目前 PLC 中 MMC 卡仍然存在丢失程序的风险，应尽早更换，程序已做备份，当卡损坏时，可以插入带程序新卡。

(2) 电控系统 2004 年生产，电位器、开关、PLC 模块、电路板等应备足配件。

▶ 案例二十七　直流他励泥浆泵转速不稳的排查解决

泥浆泵型号：F-1600HL(50MPa)，宝鸡石油机械厂 2008 年投产。

系统简介：电控系统为东营汉德自动化 2017 年生产的 ROSS HILL 控制系统，DC 模块额定电流 1600A，晶闸管容量 2000A，采用一拖一电机控制，电动机励磁方式为他励。

故障时间：2020 年 9 月 8 日

钻井工况：四开旋转导向钻进

故障现象：3#泵泵冲不稳，从 85 冲降到 69 冲，泵冲波动大，旋转导向信号无法解析，不能正常钻进。A、B 电机直流电压基本稳定，电流波动较大。

原因分析：(1)手轮电位器不稳定或者信号干扰造成给定信号不稳定。

（2）触发脉冲丢失或可控硅不能正常导通。

处理办法：（1）测量转速给定信号。用万用表分别测量 A 电机、B 电机 DC 模块 125REF 端子给定电压，电压为-3.7V，正常。

（2）检查触发脉冲及可控硅导通情况。用示波器测量触发脉冲，触发脉冲正常；测量可控硅导通情况，波形也正常。

（3）用示波器测量给定信号，A 电机给定信号波形基本呈直线，信号稳定。测量 B 电机给定信号波形时发现，B 电机波形不时出现下降，瞬间又恢复直线，B 电机波形不稳定。分析原理图，司钻给定信号经转换输出后，分别通过两个中间继电器接到两个 DC 模块的给定端子 125。两个电机的给定信号应该完全相同，可能是中间端子没有接好或者继电器没吸合好造成 B 电机信号出现跳跃。为了快速恢复生产，用一根导线将 A、B 电机 DC 模块的给定端子 125 连接起来，实现两模块的给定一致。上电后，3#泵泵冲稳定，恢复钻进。目前运转了 10 个小时，泵冲没有出线变化。

经验总结：（1）用万用表测量给定电压信号-3.7V 很稳定，用示波器能够发现波形的细微变化，能快速地查出故障原因。

（2）给定信号应尽量减少继电器连接，保证信号传递的稳定性。

案例二十八　SCR 房直流接触器故障检修

钻机型号：ZJ70D

系统简介：高原公司 2010 年出厂，系统采用西安宝德生产的 70D 电控系统，主要由 S7-300PLC、5 个 SCR 柜（西门子 6RA70 直流调速）、4 个 GEN 柜、供电柜等组成。

主发电机为 4 台 1200kW 的 CAT3512B 发电机组，辅发为 400kW 的威尔逊，泥浆泵为 2 台 800kW 串励直流电机作为动力，绞车为 2 台 800kW 串励直流电机，转盘为 1 台 800kW 直流电机，顶驱为北石 DQ-70BSF 型顶驱。

故障时间：2020 年 9 月 14 日

钻井工况：钻进作业

故障现象：司钻合闸 1 号泥浆泵风机后，直流控制柜内的直流接触器有吸合的动作，未见异常。司钻继续给定时，泥浆泵不启动，工控机报 SCR 柜接触器故障，接触器脱开（见图 3-32）。

原因分析：直流柜内调速器故障或者直流接触故障。

处理方法：选择其他指配位置，1 号泥浆泵均能正常运行，怀疑辅助触点出了问题，调回故障时指配位置，查看泥浆泵控制原理图（见图 3-33），分析得知 SCR2-MP1 接触器运行信号经过 KM2106 的 13-14 常开辅助触点→KM2108 的 13-14常开辅助触点→KM2114 的 13-14 常开辅助触点→KM2116 的 13-14 常开辅助触点→I0.7(CPU802 的输入点)。

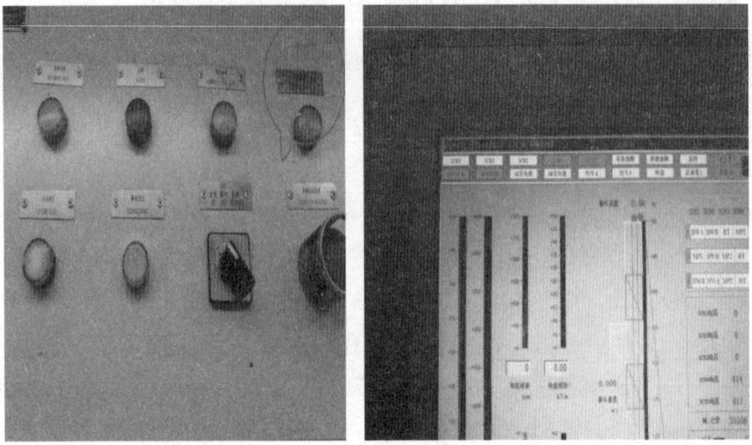

图 3-32　工控机报警画面

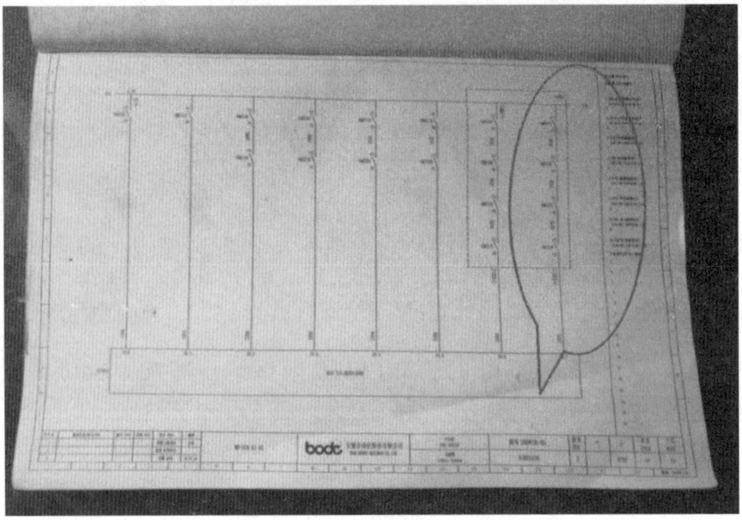

图 3-33　泥浆泵控制原理图

再次让司钻在该指配位置合上 MP1 的风机，发现 I0.7 对应的指示灯不亮，进一步检查发现，KM2116 的触点没有 24V 电(见图 3-34)。逐级向前测量，发现 24V 电到了 KM2108 的 13 处，到 14 点没有电。更换该辅助触点(由于没有辅助触点的备件，于是从刚刚更换的废旧直流接触器上拆下一个，经测量其正常)，司钻重新进行试验，PLC 柜未报警，泥浆泵恢复正常运转。

经验总结：PLC 系统报警后在工控机上报“SCR2-MP1 接触器故障”，虽然直流接触器正常吸合，但由于 PLC 没有检测到辅助触点回路信号 10.7，随即发出了“系统故障”的报警。现场电气工程师要加强对设备图纸的掌握，才能迅速找到故障点，对症解决故障。

图 3-34　故障直流接触器辅助触点

案例二十九　绞车防碰装置故障分析

钻机型号： ZJ40D

系统简介： 天车防碰气路当大钩提升重物上升到某位置，由于操作员失误或其他原因，应该工作制动而未实施制动时，过卷阀防碰、重锤防碰、电子防碰三程防碰装置中任意装置动作，都可以使绞车盘刹装置紧急制动，同时绞车的总车和高低速离合器断气，避免碰天车事故。

故障时间： 2020 年 1 月 3 日

钻井工况： 钻进作业

故障现象： 过卷阀防碰、重锤防碰、电子防碰同时不起作用。

原因分析： 可能是三路气路回合梭阀之后的某个阀件损坏或气管线堵。

处理办法： 过卷阀防碰、重锤防碰、电子防碰三路气路回合梭阀之前不用考虑，三路气路回合梭阀后就是防碰释放阀、余气释放阀、常开气控阀等气控元件及连接管线。按顺藤摸瓜的方式从梭阀后往后排查，最终找出故障点是防碰释放阀坏。防碰释放阀是一常开阀件，此阀坏就成为常闭，造成气路不通，在无备用配件的情况下，为了应急，跨过防碰释放阀用管线将气路联通，恢复生产。

经验总结：对气控元件的工作原理要熟悉；对气路的连接要掌握。过卷阀防碰、重锤防碰、电子防碰如某一路不起作用，就考虑是三路气路回合梭阀之前某处存在故障；如过卷阀防碰、重锤防碰、电子防碰同时不起作用就考虑是过卷阀防碰、重锤防碰、电子防碰三路气路回合梭阀之后某处存在故障并进行排查，最终找出故障点。

案例三十　石油钻井电气设备异常温升危害处置

钻机型号：ZJ70D、ZJ70DB、ZJ70LDB

系统简介：电控系统主要包括直流调速系统、变频调速系统，MCC 配电系统。

故障时间：2020 年

钻井工况：钻进作业

故障现象：电气设备发生异常温升，直接威胁电气设备的安全运转。

原因分析：接触不良、腐蚀、内部结构异常。

处理办法：(1)“一般温升”。其温升范围在 10～20℃之间(见图 3-35)，P0 接头处温度与相同运行条件下的 P1、P2 接头相比，该接头有一定的温升，用热像仪测量仅有轻微的热像特征。此种情况应引起注意，检查是否系负荷电流超标引起，并加强跟踪，防止缺陷度加深。此外需留意，虽然相对温差较小，但要注意查看负载状况，如果是在低负荷情况下，就意味着负荷一旦升高，设备的电气接头缺陷处的温度将会急剧升高。

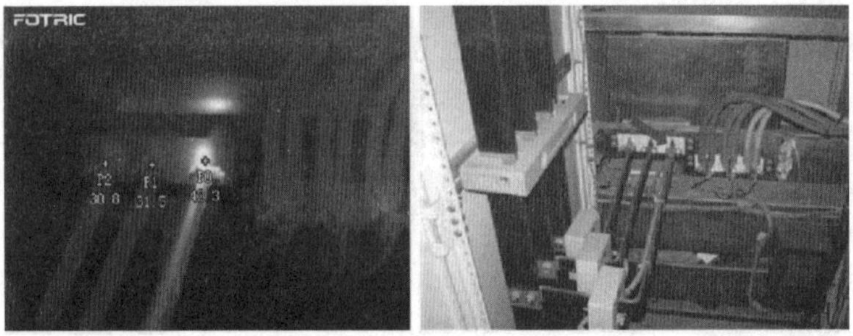

图 3-35　一般温升

(2)“严重温升”。其发热点温升范围在 20～40℃之间，或实际温度在 60～80℃之间，或设备相间温差范围在 1.5～2.0 倍之间，热像特征明显(见图 3-36)。缺陷处已造成严重热损伤，对设备运行构成严重的威胁。此类热缺陷，在确认过负载状况之后，应当给予长期监测，避免热缺陷进一步恶化。生产条件允许时或必要时应当及时调整，避免造成重大的经济损失。

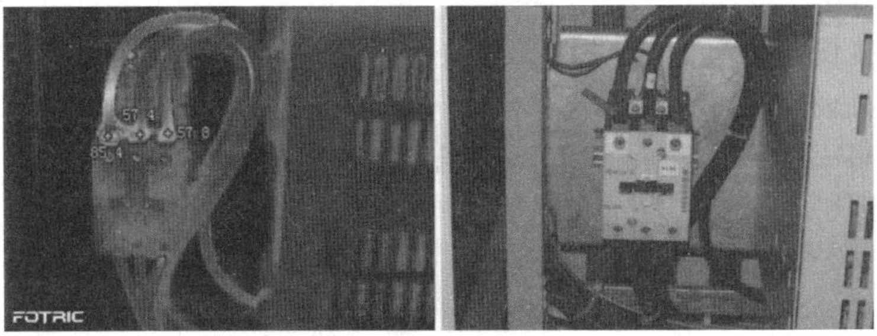

图 3-36　严重温升

(3)“隐患温升”。其发热点温升超过 60℃，或者最高温度已超过该材料最高允许值(见图 3-37)。电容接头 A 相温度比 C 相高出 99.2℃，已是“危急缺陷”。经细查实际是 A 相接头老化导致接触不良，阻值升高而出现了异常高温。此类缺陷热像图非常清晰，该种缺陷随时可能造成突发性事故，应立即退出运行，进行彻底检修。

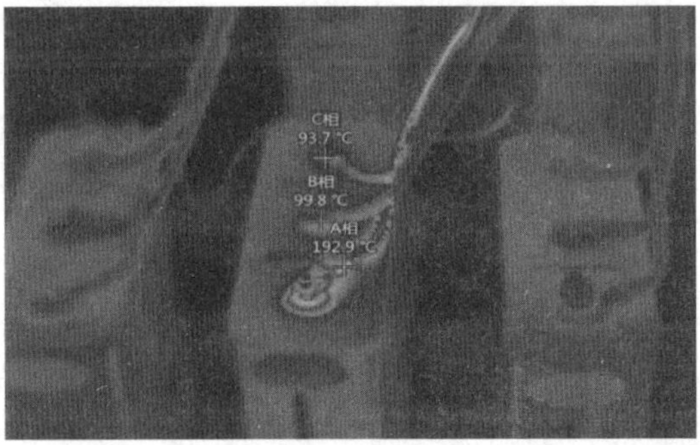

图 3-37　隐患温升

经验总结：电气设备的异常温升危害性较大，日常巡查不到位容易出现异常过热点，严重影响安全供电和设备安全。现场配备使用热像仪或红外线测温枪可以准确地检测出过热点，及时排除隐患，确保电气安全。

案例三十一　泥浆泵 PLC 故障的检查与处理

钻机型号：ZJ70D

电控系统：西门子直流调速(他励)，PLC 型号 S7300-2DP。

故障时间：2020 年 11 月 16 日

钻井工况：四开水平段旋转导向钻进

故障现象：2#泥浆泵转速不稳，直流调速装置电压出现 150V 左右的波动，电流出现 200A 左右的波动，旋导工具无法检测信号，无法正常钻进。

原因分析：(1)电位器故障导致给定信号不稳定。(2)DI 或者 DO 模块故障，导致给触发板控制信号不稳定。(3)触发板故障，导致触发脉冲波形不正确。

故障处理：(1)由于 AB 电机调速装置电压电流波动变化相同，问题出在 PLC 或者给定电位器上，所以首先排除触发板故障。

(2) STEP7 连接 PLC，备份程序，监控速度给定信号 PIW350，给触发板信号 PQW272、PQW274。PIW350 十分稳定，PQW272、PQW274 无法监控(见图 3-38)。

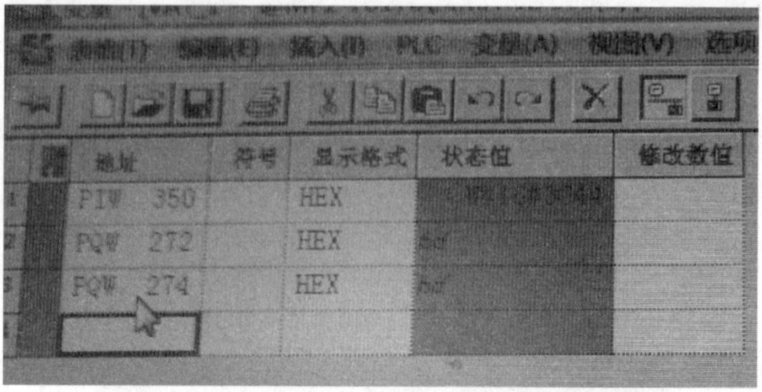

图 3-38　对变量监控

(3) 用万用表量触发板给定信号，两个信号均在 3. 3~4. 2V 之间波动。判断为 PLC 故障。

(4) 用 STEP7 进行硬件诊断，发现 CPU 报“超出周期时间”故障(见图 3-39)。于是停泵停电，将 1#泥浆泵 PLC(停用)拆下更换。插入存储卡上电。SF 灯亮、STOP 灯闪烁。复位 PLC 后，SF 灯灭，RUN 亮，CPU 正常启动。使能后，无法合断路器(PLC 控制)。将 PLC 程序与备份程序比较，发现少 DB100 这个背景数据块。于是将备份程序下载到 PLC，可以启动 2#泵。

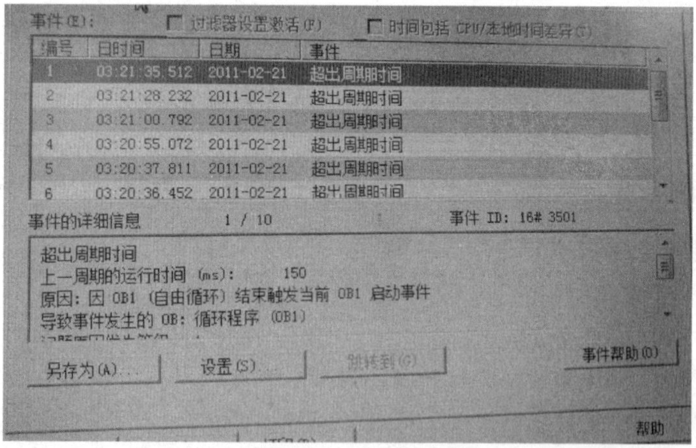

图 3-39　CPU 硬件故障诊断

（5）运转2#泵刚开始电流电压稳定，1h后又出现电流电压波动且跟之前一样。重新监控程序发现CPU仍然报“超出时间”故障。

（6）重新连接STEP7打开扫描循环时间，发现扫描周期150ms，而扫描循环时间最长要179ms（见图3-40）。

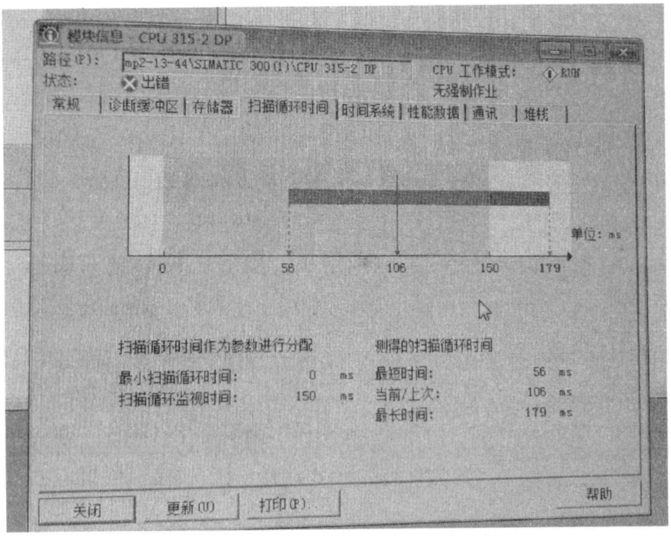

图3-40　扫描时间超循环监视时间

（7）找到问题真正原因后，打开硬件CPU“周期/时钟存储器”选项，将扫描周期监视时间由150ms改成190ms将修改后的程序下载到PLC，运行2#泵，电流电压稳定，扫描循环时间正常（见图3-41）。

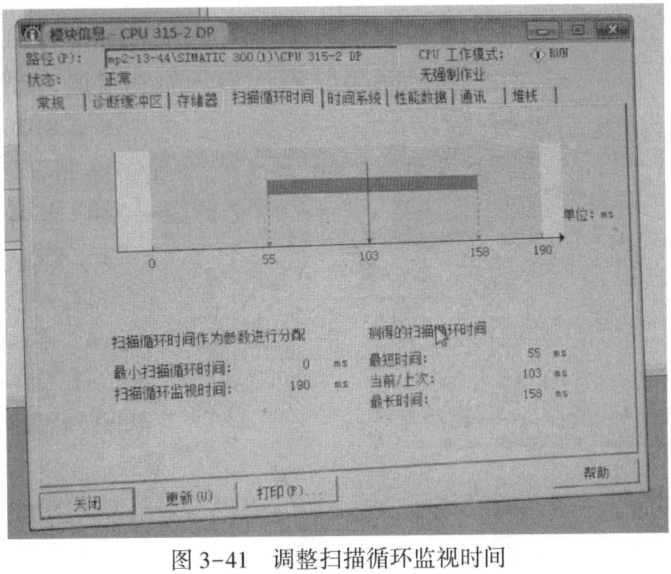

图3-41　调整扫描循环监视时间

案例三十　电控房火灾声光报警整改

钻机型号：ZJ70DB

系统简介：西安宝德2004年6月制造，6个西门子6SE70交流调速柜，1套西门子PLC控制系统。

故障时间：2017年3月1日

案例背景：电控房内按要求需要装一只火灾报警器，但是，电控房隔音好，如果房内发生火灾，房外听不到报警声。特别是晚上没有人值班情况下，如果发生火灾，很难从房外发现异常，现场人员在紧急情况下不能第一时间处理问题，进而酿成重大事故。

解决方案：为解决此问题，设计了一套由电控系统控制的报警装置，声光输出位于中方办公室房顶和发电机房。经测试，整套系统功能正常，一旦触发VFD房内报警，办公室房顶及机房的喇叭声音和报警灯闪烁足够让井场人员知晓，从而很好地解决了问题。

系统概述：把VFD房内原有的报警器改为带有输出节点(常开)能力的报警器，在发生火灾时，该常开节点闭合，将24V信号传给PLC的数字量输入模块，经过编程、输出、驱动一继电器工作，进而驱动一接触器工作。在接触器后端接一只220VAC-24VDC开关电源，实现了220VAC和24VDC两路输出，同时驱动报警灯和报警喇叭。为减少复杂线路，节省成本，系统充分利用了现场已有的电控连接和PLC控制系统，额外使用材料：24V开关电源1只，2P32A断路器1只，LC1接触器1只，24V报警灯2只，220V喇叭2只(见图3-42~图3-45)。

图3-42　声光报警器

图3-43　烟雾传感器

图 3-44　接触器

图 3-45　接入 PLC 模块

经验总结：勤动脑，多动手，充分利用现场材料，往往能解决现场许多难题。

案例三十三　电子刹把盘刹左右工作钳不同步

钻机型号：ZJ70D

系统简介：上海中曼产 ZJ70D 加强型钻机，仁丘博科生产的液压盘系统。电控系统为东营汉德制造，5 个直流调速柜，可控硅容量为 2000A。

故障时间：2020 年 7 月 16 日

钻井工况：RMTN-12 井钻进

故障现象：司钻操作电子刹把左右工作钳压力表不同步(见图 3-46、图 3-47)。

图 3-46　盘刹电子刹把

图 3-47　盘刹比例放大板

原因分析：从电路图(图 3-48)上我们可以清楚地看到电子刹把得到来自开关电源的 24V 的直流电，但中途经过电阻降压，所以进入电子刹把的电压是 10VDC。司钻通过拉松刹把的操作即可得到一个在 0~10V 范围内变化直流电源 P，该电源 P 分别输入到两个比例放大板 A 与 B，再经过两个比例放大板调节后，输出合适且范围在 0~24V 变化的直流电压到左右两个电磁比例阀上，控制阀体工作，油路输出，进而达到控制盘刹左右工作钳的开启闭合的要求。在这一系列的动作中，两个比例放大板是关键部件，起着重要的作用。盘刹左右工作钳的油压和同步性都是靠这两个板子相互配合完成的(见图 3-49)。

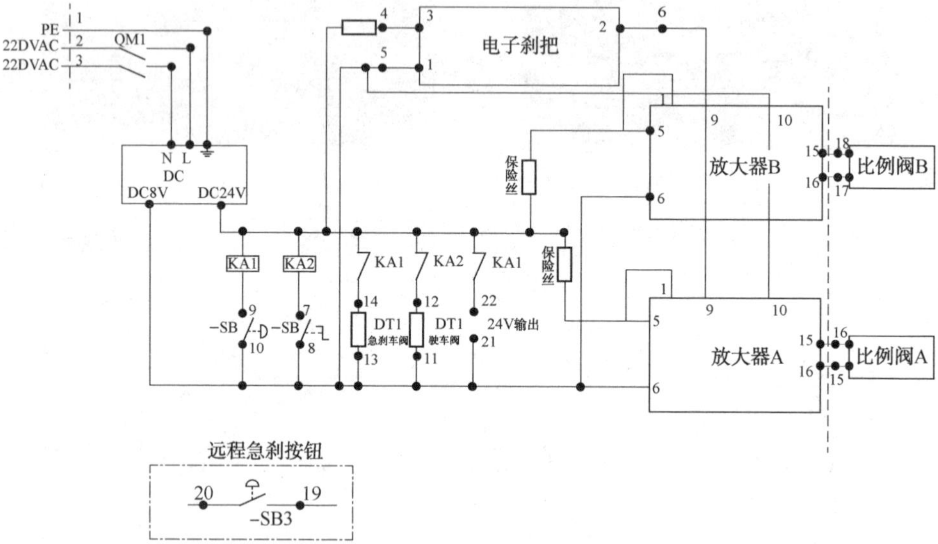

图 3-48 电子刹把控制电路图

图 3-49 盘刹左右电磁比例阀

此故障发生前，出现过松开刹把后，盘刹右工作钳压力不回零，一直存在着 2~3MPa的油压，盘刹工作钳没有完全松开，导致空游车不能下放的问题。在排查了所有油路管线、回油滤芯等部件后，故障仍然存在。最后根据上述电路图挨个测量查找，发现各项电压都正常，这样可断定是最后一路即电磁比例阀阀体内可能存在污堵不畅的问题。更换了一个安装尺寸相同的比例阀后，右钳压力正常回零了。

工作钳压力回零后，又出现了左右工作钳压力不同步、偏关严重的问题。司钻缓慢拉动电子刹把，刹把拉到行程的一半位置时，右工作钳压力表已经到了4MPa，可左路工作钳压力表仅1MPa，这显然是不行的(见图3-50)。

图3-50　盘刹左右工作钳压力表

先前已经排查了所有油路方面的问题，显然这个不同步问题应该与油路没有关系，这样就得从其他方面着手解决这个故障。

首先，检查新更换的电磁比例阀到底是不是跟原先的一样，结果发现这个新换的比例阀表面外观尺寸上与原来的一模一样，但实际上两个阀体阀芯的型号还是有差别的。旧的比例阀阀芯型号为MQBPM22 150/L15-Z382 I2，而新换上的比例阀阀芯型号MQBPM22 100-Y/L15-Z604 I2；简单地说就是阀芯一个是150一个是100的，代表着两个阀内部孔的通径是不相同的，这也就表明同样的操作刹把，这个新阀进出油量和压力同先前的比例阀肯定有区别，导致两边工作钳出现压力不同步、滞后的情况发生。因此必须重新调整左右工作钳的同步性，也就自然要涉及先前电路图中提到的那两个比例放大器了。图3-51所示是比例放大器的实物：

处理方法：在查阅相关资料后得知，要想使左右工作钳精准地同步，必须通过USB接口连接电脑，用专业的软件对两边工作钳各个压力区间进行准确高精度地调整。这一般都得靠生产厂家才能完成，厂商将两个放大板与对应的两个比例阀在厂里调试好后再配套出厂，这样才可以保证较高的左右刹车钳同步。显然这在现场是行不通的，为了保证生产只能对其进行粗略的调节，来获得较为理想的同步性。接下来简单介绍一下现场对两个放大板(万福乐品牌，瑞士制造)的具体调节步骤，如下：

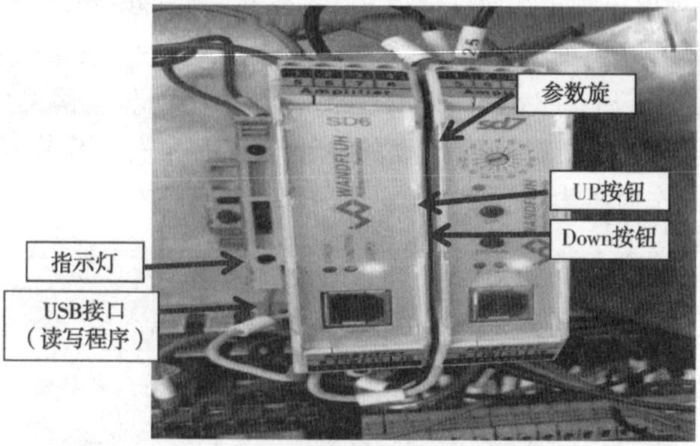

图 3-51　盘刹比例放大板

因手动调节双比例阀平衡输出速度较慢，调节前请根据钻井工况调整出 1~3 小时停钻时间，钩位放低，坐卡瓦等安全措施就位方可操作。

步骤一：做好安全措施后驻车刹车，拉动刹把确定左右工作钳刹车动作快慢；

步骤二：拆下液压站配电箱内任意一组比例阀接线(查阅确定接线图端子号及线号，如是新更换比例阀则拆下新更换比例阀接线)，拉动刹把，观察左右工作钳动作，暂设定有动作工作钳为 A，无动作工作钳为 B，恢复液压站配电箱内比例阀接线；

步骤三：拆下司钻房内控制板中任意放大器输出接线(确定放大器输出线组线号)，拉动刹把，观察是否工作钳动作与 A、B 一致，判断出放大板与比例阀配对情况；同时观察记录压力表或压力传感器显示值，判断并确定出压力表对应工作钳；

步骤四：接好司钻房内控制板放大板输出接线，拉动刹把至最大刹车位置，观察两个工作钳压力值(出厂调试最大刹把输出时压力表值为 9MPa)，超过出厂设定值的放大器调小最大输出电流，小于出厂设定值的放大器调大最大电流，如有新更换比例阀的，尽量调节新换比例阀配对放大器来平衡输出压力，最终使压力表值达到设定值；

步骤五：轻拉刹把，使工作钳缓慢供油，观察两个压力表从最低 0MPa 到 1MPa、2MPa、4MPa、6MPa、8MPa 各阶段速度差值(出厂调定两比例阀输出平衡不超过 0.2MPa，进入 PLC 及触摸屏各参数设定后数值可能会有所变化，但差别不会很大)，调整速度慢的放大器最小电流输出，使比例阀输出在缓慢拉动刹把的状态下差值不大于 0.2MPa；

步骤六：通过调整最大电流及最小电流的方式，调节两比例阀的输出平衡最终达到输出力矩基本平衡可在现场实现普通调节，某些比例阀因型号差别、加工公差、油品清洁度等影响在调节平衡过程中始终无法调节平衡。这是因两比例阀配对放大器在输出区间参数(区间参数是最大及最小电流参数区间)选择上与比例阀存在不协调，此状况需两个比例阀重新调节配对区间，需参数软件才能进行调节，此时请联系公司售后服务部门更换配对调试好的整套电磁阀及放大器更换，(同型号比例阀更换放大器调节范围较小较易调节，同类型不同通径尺寸可能调节较慢较复杂)。

注1：最大电流调节方法：用小一字起子放入卡槽轻轻按压使旋钮旋至A位置松开起子，通过按动“up”“down”按钮来调节电流大小，每次按动次数以+10次、+5次、-10次、-5次为宜来慢慢调节并记录调节次数，按动一次为±1mA，在接近理想值时再1次、2次按动调节。

注2：最小电流调节方法：用小一字起子放入卡槽轻轻按压使旋钮旋至B位置松开起子，通过按动“up”“down”按钮来调节电流大小，每次按动次数以+10次、+5次、-10次、-5次为宜来慢慢调节并记录调节次数，按动一次为±1mA，在接近理想值时再1次、2次按动调节。

注3：放大器调节旋钮其他参数值为频率、幅值、激活电流、漂移参数、斜坡调节等，此类参数严禁非专业人员误操作，出厂时此类参数已设定完毕，与控制输入及比例阀参数调整一致，如果误操作会造成输出突变异常或完全没有输出，操作者需谨慎调节。

通过调整比例放大板，反复实验，恢复到了左右工作钳同步的状态(见图3-52)。

图3-52　调整后的左右工作钳

经验总结：(1)盘刹是关键设备，必须保证其功能正常；出问题后，要立即选择合适时间处理。

(2) 部件储备一定要做到型号完全相同，尽量减少现场处理故障的时间。

(3) 充分学习、掌握各设备的核心原理，提高应对故障的技能。

案例三十四　绞车电机通信故障案例

钻机型号： 70DB

系统简介： 西安宝德制造，3 个整流柜、6 个逆变柜。

故障时间： 2017 年 7 月 15 日

钻井工况： ABQQ-580 井三开钻进

故障现象： 钻进过程中绞车双电机突然掉线，1#VFD 房内 AOP30 显示故障代码 F01910：setpoint timeout。ET200 显示通信故障(红灯长亮)。

原因分析： 更换 ET200 后故障未排除，检查 DP 头，测量 DP 头无损坏，重新做通信线的连接，测量电压信号正常，上电后 ET 通信灯显示通信正常(指示灯红色变绿色)。装置上电正常运转 3 小时左右，故障再次出现。由于 1#VFD 房通信来源于 2#VFD 房，于是检查房体连接线的状态，连接线正常。2#房内的 ET 工作正常，检查 2#房内至 1#房的房内通信线，检查过程中发现通信线的铺设拐弯较多并且角度小，怀疑因此导致的通信信号不稳定。

处理方法： 将通信线自护线槽内移出，更换并重新平整的铺设，上电后 1# ET 显示通信正常。装置再次上电运转正常，观察 1 个工作日故障消失。

经验总结： (1)通信线长时间使用，在拐弯次数多、角度小的情况下容易发生信号衰减，导致下一级通信时好时坏。

(2) 通信线的铺设过程中尽量保证直线铺设，如需改变走向角度尽量在 90°以上。

(3) 对于使用时间较长的通信线，建议及时更换新的。

案例三十五　绞车速度不从零开始的故障

钻机型号： ZJ70DB

系统简介： 西安宝德 2004 年 6 月制造，6 个西门子 6SE70 交流调速柜，1 套西门子 PLC 控制系统。

故障时间： 2020 年 3 月 28 日

钻井工况： ABQQ-164 井起钻

故障现象： 起钻过程中，司钻发现绞车从零速到非零速过程操作异常，初始转速较平时快了许多，导致低速操控困难。经现场仔细观察，游车不止低速较平时高，高速也比平时高。

原因分析： 首先怀疑司钻操作手柄(GESSMANN V61.1LB1KM-02)出了问题，该手柄使用近 6 年，因元器件老化导致的故障可能性较大。现场有一新的手柄，遂将其换上，故障亦然。倒换下来的手柄接 24VDC 电源检测，+15V 电压正常，排除手柄故障可能。

其次怀疑模拟量输入模块问题，更换模块 SM331 测试，故障亦然。

再次，怀疑程序里转速给定的死区值可能在常年使用中需要调整，遂连接程序，调整 600 依次为 400、500、700、800 一一测试，故障亦然。

最后，连接系统持续在线仔细观察程序运行情况，终于发现功能块 FB6 里 #STAT199 一直处于常开(常断)状态，这样一来，手轮的给定速度没有经过计算就被直接当成了最终速度给定，导致速度不是从零开始，而是从 600 开始(见图 3-53)。

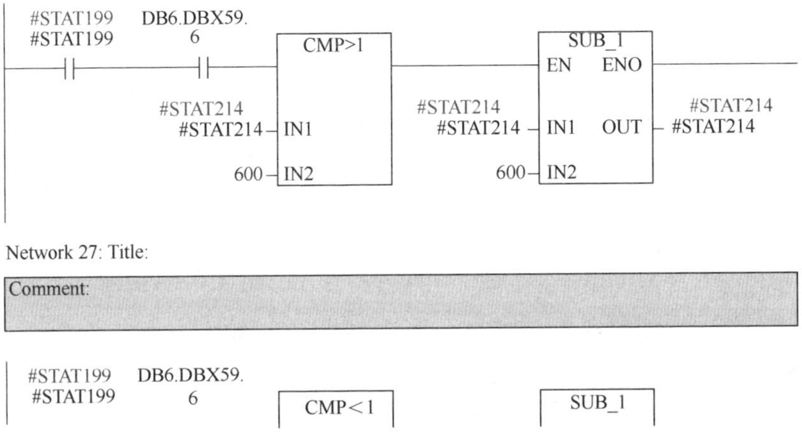

图 3-53　PLC 程序梯形图 1

处理方法：查找该常开(常断)点对应的现场信号源，发现在司钻台操作椅上，为钻机主离合旋钮。分析确定是现场的电缆出现问题，而其连接为座椅内线，极其不易更换。仔细分析控制逻辑后，决定在不影响现场正常操作的情况下，暂时在程序里把该点并一常闭(常通)点(见图 3-54)，待工况允许时，再更换电缆，恢复系统。至此，故障解决。

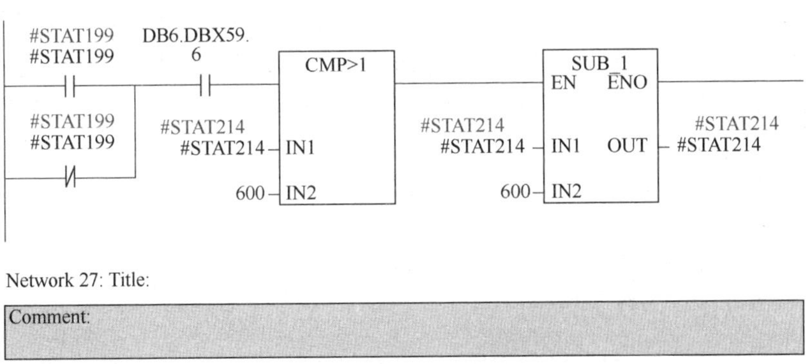

图 3-54　PLC 程序梯形图 2

经验总结：钻井为特殊行业，电控系统常年运行在恶劣的环境下，钻井队又需要经常搬家，对系统的维护要求较高。钻井生产中一旦出现电控问题，往往需要在不停工的情况下解决。这就要求现场维护人员必须有极强的责任心和独立作战能力。因此在平时多多补充电控知识是十分必要的。

案例三十六　因绞车风机故障造成绞车不能起动

钻机型号：70DB

系统简介：西安睿科生产，2014 年 3 月投入使用，系统动力采用 4 台卡特 CAT3512B 600VAC 50Hz 1900KVA 发电机组并网为整个系统提供 600V 动力。电气传动控制系统主要包括发电机控制系统、交流传动系统等组成，包含 6 个变频调速柜、4 个发电机控制柜、PLC 柜、电源柜、供电柜、软启动柜、MCC 柜、辅助电源柜。

故障时间：2020 年 7 月 5 日

钻井工况：JLDI-714 井三开固井侯凝

故障现象：三开井眼完钻，固井完侯凝，启动绞车时，不能启动。

原因分析：立即停绞车查原因。检查 VFD1 的整流柜工作正常，VFD2 的绞车变频柜工作正常，PLC 柜通信正常。检查发现绞车 A 电机的风机在自动状态不能起动，从司钻操作台选择绞车运行模式为绞车 B 电机单独运行而不是 A+B 模式，绞车能正常起动。

在 VFD2 的绞车 A 风机控制柜旋钮选择手动起动，绞车风机控制柜运行指示灯不亮。抽出柜体检查，断路器分断合闸正常，热继电器处于保护状态，复位。怀疑电机风机故障。绞车 A 风机控制柜插入后合闸送电数秒，运行指示灯亮，钻台反映风机不转。上钻台 A 风机处，再次合闸数秒，观察风机电机冷却风扇微微抖动。安排人员值守 VFD2 风机断路器，防止误合闸。

拆盖检查风机电机。用 500V 绝缘电阻表检测电机对地绝缘，阻值无穷大，电机对地绝缘正常。用万用表测量绕阻值，三相均衡，大小正常。风机电机再次送电数秒，检查三相电压，发现一相电压缺失。检查从 VFD2 到钻台风机电机供电线路，发现 A 电机的 20 芯插座的插针和线缆结合处断路。

更换插针后，风机电机三相供电正常。手动控制风机工作正常，绞车工作模式调成 A 模式，绞车工作正常。故障处理完毕。

经验总结：

（1）插针压接不良，造成压接处长时间工作后断开。

（2）插件连接不良，易造成连接处阻值变大，烧蚀插针。插针上沾染污物，易造成连接处阻值变大，烧蚀插针。

（3）搬家拆装期间，分拆开的插头插座需要密封，防止沙尘等污物。插针如有烧蚀需及时更换。插针上如有污物，需及时清洁。

案例三十七　制动电阻风机没有跳闸保护

钻机型号：ZJ70DB

系统简介：西安宝德 2004 年 6 月制造，6 个西门子 6SE70 交流调速柜，1 套西门子 PLC 控制系统。

故障时间：2019 年 5 月 10 日

钻井工况：ANDR-233 井起钻

故障现象：起钻过程中，机房人员在巡回检查时闻到机房 4 号发电机位置有浓烈的焦煳味，遂立即通知司机长以及电气师。经检查发现，味道来自制动电阻出风口位置，现场格网已经被烤煳。事态紧急，立即停钻机检查，进而发现制动电阻风机断路器已经跳闸，整个控制系统没有报警，而能耗制动一直处于运行状态。停电期间测量制动电阻阻值和绝缘情况，正常。

原因分析：这是厂家在设计系统初期没预计到的一种状况，其实是系统本身的缺陷，没有设计风机跳闸报警功能。这种情况可能带来斩波器烧毁、制动电阻烧毁的严重后果。

解决方案：首先着重在外部下手，依据设计图纸，试图通过对几个接触器线路的更改来实现报警，但由于逻辑关系的复杂使得几次尝试都没有成功。于是对现场 PLC 程序的改进成了最为可行的方案。首先备份了源程序(万一修改不成功能够恢复)，然后反复研究其中的逻辑关系，最终确定修改了部分程序内容，下载程序到 CPU 中，经过反复实验和调试，取得了预期效果。修改后的系统，在制动电阻风机断路器跳开时，能够第一时间报警，显示在司钻操作屏上，如果没有复位的话，10s 内就会停止整个钻机系统，从而达到了对系统的有效保护(见图 3-55)。

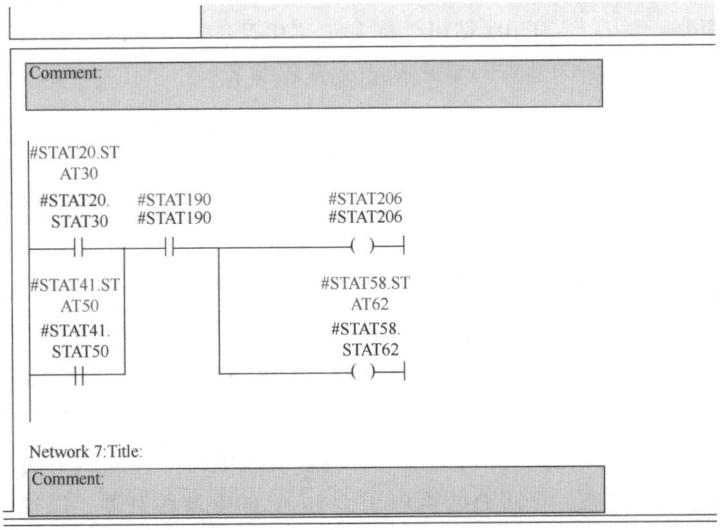

图 3-55　PLC 程序梯形图

现场接线见图 3-56。

图 3-56　改造电气接线

经验总结：钻井生产中的电控系统，基本是调试完善后出厂的，设计问题应该不会太多。但在长期使用中，难免会发现些许不合理的地方，有些甚至是致命的缺陷。这就要求现场工程师平时要仔细研究图纸和程序，一旦出现问题，能及时改进，确保生产平稳运行。

案例三十八　自动送钻风机不起动

钻机型号：70D

系统简介：兰石产 ZJ70D 钻机，配套宝美生产的 ROSSHILL 1400 直流电驱动系统，转盘独立驱动，45kW 变频电机自动送钻装置。

故障时间：2020 年 1 月 10 日

钻井工况：HWYH-406 井钻进

故障现象：当选择开关 DW/AD 到 AD 时，SCR 房内自动送钻风机运行指示灯亮，但到司钻房检查发现风机没有运转。

原因分析：停电检查风机三项电阻值平衡，电机绝缘良好。测量 A1-A2 电阻值正常，重新送电，选择 DW/AD 选择 AD，测量 13NO-14NO 开路、23NO-24NO 闭路、1L1-2T1 开路、3L2-4T2 开路、5L3-6T3 开路，判断接触器吸合不良，三个主触头和一个辅助触点未动作到位(见图 3-57)。主触头未吸合，冷却风机不运转。由于没有备件，选用了一个吸合线圈电压为直流 24V 的中间继电器(见图 3-58)，来控制一个吸合线圈电压为 220V 的交流接触器，以达到相同的作用。更换后自动送钻运转正常。

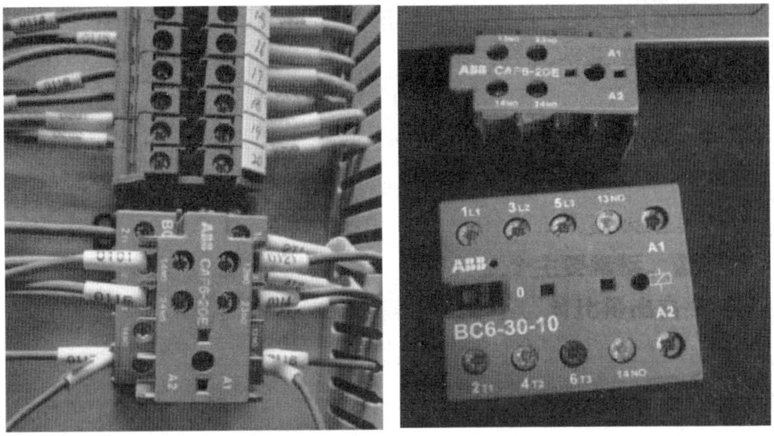

图 3-57　继电器

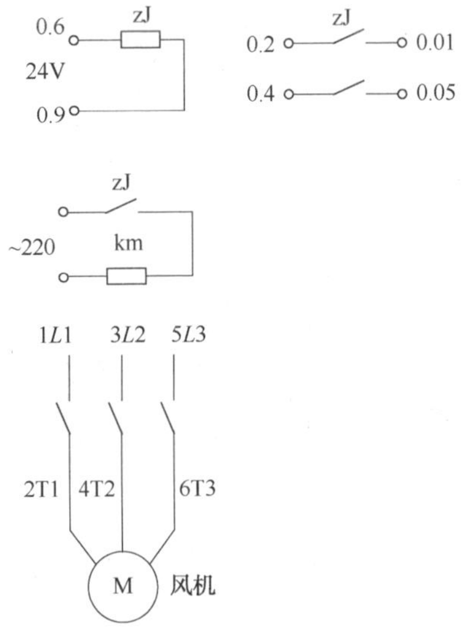

图 3-58　继电器接线原理图

经验总结：

(1) 设备长时间使用，可能出现元器件本身故障。

(2) 根据设备规格，合理储备配件。特别是绞车、盘刹等关键设备的配件要存放在井队现场，便于及时处理故障。

3.2 变频器、直流调速器故障

案例三十九 西门子 6SE70 变频器 F053 故障原因分析

钻机型号： ZJ70DB

系统简介： 宝美电气 2008 年 6 月制造，系统采用西门子 6SE70 变频调速技术。

故障时间： 2016 年 8 月 6 日

钻井工况： 二开完，等甲方指令，待三开。

故障现象： 在 2016 年 7 月 18 日二开下套管期间，使用绞车 A 电机，VFD 房内 A 电机西门子 6SE70 变频器报 F053 故障，电气工程师先后更换了编码器、DTI 板等，核对了变频器参数，并对连接线路进行了仔细检查，均未解决此故障。但为了满足下钻钻水泥塞作业，将该电机变频器参数(P60、P100、P130)改为无编码器状态运行绞车。钻水泥塞作业完成后，恢复编码器的原参数，在有编码器状态下运行，西门子 6SE70 变频器报 F015 故障，手轮给定后有扭矩输出，没转速、没悬停，转速手轮回中位后触摸屏仍然显示扭矩值(扭矩不释放)等。

绞车 B 电机在下套作业期间由于多次跳闸，报 F053 故障，故一直未使用。

原因分析： 根据电路图纸所示，编码器 DTI 板的接线端子号的对应关系是：1-1、2-3、3-5、4-4、5-6、6-2、7-7、8-8、9-9，经现场检查发现 A 电机新换的编码器插接件焊线与 DTI 板的对应关系为：1-1、2-2、3-3、4-4、5-5、6-6、7-7、8-8、9-9，其中有四组线未按图纸“跳线”，造成 DTI 板 6 号线送往编码器 2 号线的“24V”电源被送入编码器通道“B 反”，编码器 AB 通道的信号也未送入 DTI 板的对应通道。由此造成 DTI 板损坏。检查 B 电机编码器发现接线有虚焊，接地屏蔽线脱落。

处理办法： 更换绞车 A 电机 DTI 板(原型号：6SE7090-0XX84-3DB0，新版的型号：6SE7090-0XX84-3DB1)和编码器，绞车 B 电机编码器插头线重新焊接，然后送电试车，A 单、B 单、A+B 三种模式均运行正常。

故障处理完毕后，运行至今未发生故障。

经验总结： 编码器 ABO 和电源通道不能混接。

案例四十 绞车 AB 电机不同步及悬停失效原因分析

钻机型号： ZJ70DB

系统简介： 宝美自动化 2010 年 11 月制造，系统采用 ABB-ACS800 多传变频器调速系统。

故障时间： 2016 年 7 月 16 日

钻井工况： 二开钻进中

故障现象： 绞车 A+B 模式两电机不同步，且单独使用 A 电机不能悬停，运行中司钻手轮给定绞车转速有飞车现象。

原因分析： 该钻机电控为 ABB 变频器调速系统，经查 ACS800 变频器控制屏读取报警故障代码为 7520（主从通信故障报警）、7301（编码器故障报警），初步判断为复合故障，需要逐一解决。

处理办法：（1）将绞车 A 电机编码器（倍加福 P+F-14000 型）与 B 电机编码器互换，试车发现 A 电机的不能悬停、飞车等现象转移到 B 电机，因此判断是编码器损坏，更换一个新的编码器解决了 A 电机的不能悬停、飞车等问题，A 电机或 B 电机单独运行正常。

（2）处理绞车 A、B 电机不同步问题，用手电筒检测同步通信光纤无问题，检查同步控制电路连接无松动，把 2 号泥浆泵的 RDCO 通信模块换到绞车电机控制柜，绞车 A+B 模式同步运行正常。

（3）正常运行 3 天后，再次发生 B 电机不能悬停的故障，经检查 B 电机编码器防爆插件母插头进水锈蚀严重，信号线虚接，重新制作母插头，并全面检查编码器屏蔽层的接地等，然后送电试车，A+B、A 单、B 单三种模式均运转正常。

经验总结： 对于 ABB-ACS800 变频器系统，根据故障代码找问题相对来说快一些，现场需定期对防爆插件进行检查，避免因进水、锈蚀造成设备故障。

案例四十一　ABB-ACS800 逆变器充电单元故障

钻机型号： ZJ70DB

系统简介： 四川宏华 2008 年 05 月制造，电控装置采用 ABB 的 ACS800-107-1160/1740-7 柜式逆变单元，每个逆变单元由 2～3 个 R8i 逆变模块并联组成；该装置采用 RDCU-12C 控制单元，包括 1 个电机控制 RMIO 板、1 个光纤分配单元 APBU-44CE（12CH）、2～3 个逆变模块 AINT 板、1 个刀熔控制器 ASFC-01C、1 个控制盘 CDP-312R。

故障时间： 2017 年 4 月

钻井工况： 钻进作业

故障现象： 钻进时，司钻在启动 3#泥浆泵时发现不能启动，控制盘报 F2330 CUR UNBAL 故障。

原因分析： 硬件手册提示传动检测到几个并联逆变器模块逆变单元输出电流不平衡。转动手柄分闸，检查 2#逆变模块直流熔断器断，更换 1000V/1000A 直流熔断器断，是过流甚至短路所致。IGBT 损坏或 AGPS（门极驱动板）故障，会造成该逆变模块直流短路，初检无异常；另外电机绕组间绝缘破坏会造成匝间短路，但该故障会造成3个模块而不是仅2#模块过流，检查电缆、电机绝缘，无异常，将电机联于2#泥浆泵逆变器，使用正常。

未联电机，单独用逆变器。转动手柄合闸，无二次合闸声，报F5410 INT CONFIG故障，提示PPCC连接中，系统应用程序识别的R8i逆变器模块数量和初始配置不符。在直流母排与逆变单元间安装有刀熔开关OESL630/32D06及控制模块ASFC-01C通过ASFC的检测和控制，可降低合闸时的冲击电流，从而保护逆变单元。转动手柄合闸，操纵刀熔辅助开关1B-12B闭合，辅助触点83-84闭合，对ASFC供电230VAC。直流电通过辅助开关接入，对18个并联电解电容充电，每个充电回路中接入2个35Ω充电电阻限流。ASFC通过X1、X2、X3接入充电回路检测充电电流，AINT板将电容电压光纤通信至ASFC、将逆变模块数光纤通信至RMIO板。三者通信并比较，当电流低于0.7A，电压高于额定80%，检测与应检测的充电模块数相符、检测逆变模块数与参数16.10定义传动并联R8i模块数相符，ASFC通过X5对OESL锁定线圈供电，控制刀熔主开关1A-12A闭合，辅助触点13-14闭合，对ASFC输入15VDC信号，反馈刀熔主开关闭合状态，并通信至AINT板、RMIO板；辅助触点21-22断开，避免锁定线圈长时通电烧毁。这个过程被称为“二次合闸”，直流电接入各R8i模块，准备就绪，变频器待启动。

分析认为：既无“二次合闸”，则充电回路有故障。转动手柄分闸，检查线排X4Q1：1与1#模块直流接入端2A，X4Q1：2与1#模块直流接入端4A……，发现2#逆变模块R4充电电阻断。充电中，过流致R4断，2#逆变模块充电未完成，ASFC仅检测到2个逆变模块充电电流，与16.10定义数3及AINT检测到模块数3不符，因而ASFC未对OESL锁定线圈供电导致刀熔主开关无“二次合闸”。

由于现场急用3#泥浆泵，但无新的充电电阻，因此决定降容运行，这是ACS800变频器的优点，可以更改设置、参数，使用部分逆变模块工作。将ASFC板上的开关S2转为DIS位，即取消2#逆变模块的充电监控；参数16.10并联R8i数量改为2；参数20.04电机最大电流改为80%；未抽出2#逆变模块。转动手柄合闸，片刻后，“砰”一声异响；转动手柄分闸，检查发现2#逆变模块直流熔断器第二次断。

处理方法：经降容设置后，充电回路工作正常，有“二次合闸”。但逆变模块未抽出，合闸则通电，一方面与2.3熔断器第二次断类似，通电就过流或短路；另一方面，2#逆变模块电容未充电，合闸则直流电源对电容直接充电，无电阻限流，回路中很大的冲击电压、电流，考虑到有明显异响，有可能电容被击穿、爆炸，熔断器因短路过流断，检查电容，多个电容鼓包，另有电容击穿。

拆除损坏直流熔断器，类似隔离2#逆变模块，转动手柄合闸，有二次合闸，司钻在HMI上不能启动电机，变频器无输出电流，报F2330CURUNBAL故障。

经测试：类似2.5中，S2转为DIS位，AINT检测逆变模块数为3，参数16.10设置逆变模块数为2，2#逆变模块AINT板、RMIO板、控制盘间通信比较后，设定无效，自动变为3。根据2.4中的条件，该工况下能二次合闸，但系统判断ASFC检测到的充电模块数为2，AINT检测模块数为3，两者不符，不能启动。可采用不装熔断器并拔出光纤或移出逆变模块方式，由于3个逆变模块输出并接，2#逆变模块输出端会带电，最终采取移出逆变模块方式，ASFC检测、AINT检测、控制盘设定数均为2，3#泥浆泵逆变器使用正常。

经验总结：设备停放，逆变器长时停用，未定期合闸充电，直流电解电容绝缘性、容量、耐值降低。运行时，2#逆变模块多个电容漏电电流偏大，导致直流熔断器长时过流，造成熔断器第一、第二次烧断；同样的原因，合闸充电时，过流烧R4充电电阻；降容运行时，直流电源直接对电容充电，过大的冲击电压直接击穿已受损电容，短路过流造成熔断器第三次烧断。ACS800变频器模块故障，除更改相关设置外，应移出故障模块；变频器长时停用，2年内，可每年直接合闸激活电容；超过2年，外接直流电源装置激活电容，详见ABB相关规定。就上述故障而言，应在较短时间周期，检查电容并对电容充放电，减少电容故障。

案例四十二　ABB-ACS800逆变器无法启动原因分析

钻机型号：ZJ70DB

系统简介：四川宏华2008年5月制造，动装置采用ABB的ACS800-107-1160/1740-7柜式逆变单元，每个逆变单元由2~3个R8i逆变模块并联组成；该装置采用RDCU-12C控制单元，包括1个电机控制RMIO板，1个光纤分配单元APBU-44CE(12CH)，2~3个逆变模块AINT板，1个熔控制器ASFC-01C，1个控制盘CDP-312R。

故障时间：2017年2月

钻井工况：钻进作业

故障现象：熔断器第一次断拆卸钻机期间，司钻告知3#泥浆泵最后使用时，不能启动。由于控制以逆变器供电时间而不是日期作为故障发生时间，如12H 49MIN 10S，因而未查到准确的故障代码。

原因分析：对3#泥浆泵逆变器检查，发现2#逆变模块刀熔主开关用1000V/1000A直流熔断器断。

处理办法：更换熔断器，由于更换3#泥浆泵及电机，在泵就位、连接电缆、拆开联轴器后，对3#泥浆泵电机作了静态、动态辨识，运转正常，辨识成功。在表层钻进时，3#泥浆泵逆变器工作正常。

经验总结：熔断器第一次断不是逆变器故障所致，可能是电缆或电机等分析外部原因造成。

案例四十三　ABB 变频器整流柜故障应急处置

钻机型号： ZJ70DB

系统简介： 四川宏华 2008 年 3 月制造，变频传动部分采用的是 ABB 的 ACS800 柜体式传动单元。该单元包括 ACS800－307 的柜式 DSU 整流单元，ACS800-107 的柜式逆变单元和 ACS800-607 制动斩波单元。

故障时间： 2019 年 9 月 10 日

钻井工况： 钻进作业

故障现象： 设备在正常使用过程中，网电停电。恢复供电后，启动整流柜时，1#整流柜合闸成功，2#整流柜合闸失败。打开整流柜门，发现柜内其中一个模块报缺相故障。

原因分析： IGBT 或者触发板损坏。

处理办法： 为不影响正常生产，暂时由单整流单元带整个逆变系统工作。整流单元模块为并联，一个模块损坏，拉出后不影响其他模块正常使用。后来在生产间歇，停掉电源，拉出损坏模块，现场进行维修更换损坏配件后，推入安装模块，送电测试正常，两个整流柜可同时正常工作。

经验总结： 现场电气工程师要熟悉电气设备的系统构成和工作原理，掌握基本应急使用和现场简单维修的本领。

案例四十四　绞车 B 电机编码器轴承变形故障分析

钻机型号： ZJ70DB

系统简介： 四川宏华 2008 年 3 月生产，电控系统采用 ABB-ACS800 变频器多传系统，由 2 组 2720KVA 整流柜、5 组 1740KVA 逆变柜、2 组 1160KVA 斩波器柜组成。

故障时间： 2020 年 4 月 3 日

钻井工况： 起下钻作业

故障现象： 绞车起下钻期间电机高速运转，编码器故障引发变频器停机，变频器复位后即可投入使用。电机低速运转发现连接编码器的电缆晃动幅度较大，高速运转时电缆变为高频晃动，拆开编码器线缆后发现十芯线缆已经甩断两根，导致绞车频繁停机。

原因分析： 绞车 B 电机因为轴承异响返厂，大修回来安装后就出现了这个问题，EPC776 编码器轴承是通过 3 颗螺丝固定在转子轴承上的同心轴承，估计存在摔落变形或是上螺纹紧偏导致变形。

故障处理： 更换编码器轴承。

经验总结： 设备的安装期间细节处理尤为重要，安装标准一定要高。设备运转时要强化岗位巡查，及时发现设备的安全隐患，严禁设备带病运转。

案例四十五　ROSS HILL 直流控制柜故障排查

钻机型号： ZJ70D

系统简介： 广汉宏华石油设备制造有限公司 2019 年制造，电控系统为 ROSS HILL 直流控制系统，配备 4 个发电机交流控制柜、5 个直流控制柜，DC 模块额定电流分别为绞车、转盘 800A，泥浆泵 2000A，晶闸管容量 2500A。

故障时间： 2020 年 6 月 5 日

钻井工况： 三钻起下钻作业

故障现象： 起下钻作业时，司钻发现绞车动力下降，并且同时工控机报 2# 直流柜故障。

原因分析： 经仔细检查 2#直流柜，发现 600V 保险烧毁 2 组，一个晶闸管被击穿。

处理方法： 由于四川宏华设计的直流控制柜的安装架构与原装 ROSS HILL 控制柜的不同，所以拆解过程只能是小心摸索(见图 3-59)。

图 3-59　宏华直流控制柜

首先拆除有机玻璃面罩，再将熔断器及其相连的铜排拆除。然后将压敏电阻的熔断器及铜排拆除，晶闸管的散热片才得以顺利拆除。从备件中仔细筛选 GK 极间阻值与其他 5 组晶闸管相似的。测定其他几组晶闸管阻值在 16Ω 左右。将备件固定到散热片之后，安装时发现晶闸管的定位点不太好找，几次尝试后终于将晶闸管装上。安装完成上电调试。测试时发现直流柜的电压波形与电流波形都不太正常，似乎是缺少一个波头(见图 3-60)。于是将刚安装完成的晶闸管触发线

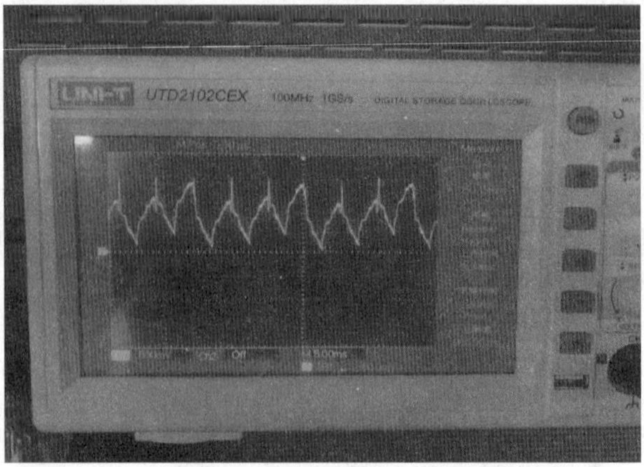

图 3-60　示波器显示(不正常)

拆除，上电测试发现波形与刚才一致。这才确定是新装的晶闸管安装有问题。将晶闸管拆除后发现晶闸管未对准定位点，在定位点旁被顶进去一个小坑。于是将内散热片上的凸起定位点拆除，更换新的晶闸管之后，上电测试一次成功，波形恢复正常(见图 3-61)。

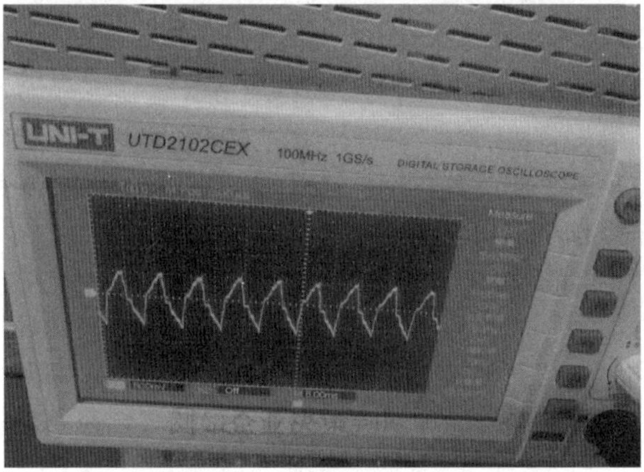

图 3-61　示波器显示(正常)

经验总结：更换晶闸管时，要尽量选择相同厂家、相同批次及容量相同的配件，才能保证与在用晶闸管匹配使用，切勿不同容量的晶闸管混用；由于直流柜内空间狭小，更换晶闸管作业时，只能单人操作，安装时要对散热片进行打磨清洁，避免散热片毛刺或坑洼对晶闸管造成损坏，同时要细致安装，保证安装质量。

案例四十六　西门子直流调速器散热风机故障处置

钻机型号： ZJ40LDB

系统简介： 东营恒信电器公司2014年制造，配备1000kW网电电机2台，电控系统采用德国西门子6RA70系列直流调速装置

故障时间： 2019年12月18日

钻井工况： 钻进

故障现象： 网电机在12月18日并机使用后，运转10min后突然停机，经检查2号网电机变频器散热风机烧坏(见图3-62)。拆除风机后再次运转变频器，控制面板报F040(故障为错误显示有故障未消除)，利用故障消除未能清除此故障代码。判断故障未直流调速柜CUD1板坏(见图3-63)。更换CUD1板，再运转使用，依旧报F035(电机堵转)、F068(模块检测通道故障)、F042(测速机故障)。

图3-62　烧毁的直流调速器冷却风机

图3-63　损坏的CUD1板

原因分析： 直流调速柜散热风机烧毁，导致CUD1板击穿。

故障处理：更换直流调速柜参数板和变频器散热风机后，调试并机参数，正常运转。目前因为两部网电机液力耦合器转速比差距大，一部1.95，一部2.2，故控制面板依然有A031报警(速度调节监控报警)。

经验总结： 散热风机使用年限久，为德国施乐百冷却风扇，属于低功率高转速的散热风机，突然烧毁后，风机周围塑料板高温熔化，并且风机烧毁产生了冲击电流击穿控制板。

案例四十七　ABB变频器调速故障处置

钻机型号： ZJ40DB

系统简介： 高原钻机2006年制造，电控系统配备ABB-ACS800系列变频器。

故障时间： 219.05

钻井工况： 二开钻进

故障现象： 绞车 A+B 模式两电机不同步，且单独使用 A 电机不能悬停，运行中司钻手轮给定绞车转速有飞车现象。

原因分析： 该钻机电控为 ABB 变频调速系统，经查变频器 ACS800 控制屏读取报警故障代码为 7520（主从通信故障报警）、7301（编码器故障报警），初步判断为复合故障，需要逐一解决。

处理办法： (1) 将绞车 A 电机编码器（倍加福 P+F14000 型）与 B 电机编码器互换，试车发现 A 电机的不能悬停、飞车等现象转移到 B 电机，因此判断是编码器坏了，更换一个新的编码器，解决了 A 电机的不能悬停、飞车等问题，A 电机或 B 电机单独运行正常；

(2) 处理绞车 A、B 电机不同步问题，用手电筒检测同步通信光纤无问题，检查同步控制电路连接无松动，把 2 号钻井泵 RDCO 模块换到绞车电机控制柜，绞车 A+B 模式同步运行正常；故障处理完毕正常运行 3 天后，再次发生 B 电机不能悬停的故障，经检查 B 电机编码器母接头进水锈蚀严重，一根信号线虚接，重新做了一个插接头，并全面检查编码器屏蔽层的接地等，然后送电试车，A+B、A 单、B 单三种模式均运转正常。

经验总结： 编码器是变频器矢量控制中重要电器元件，其功能是提供转速反馈，为变频器提供转速和转矩依据，该装置属于易损元件，建议现场有储备。

案例四十八　制动电阻短接故障分析

钻机型号： 70DB

系统简介： 西门子 2006 年制造，5 个西门子 6SE70 系列变频器。

故障时间： 2016 年 8 月 29 日

钻井工况： GHNH-33 井搬迁拆设备。

故障现象： 在拆转盘电缆时，操作人员发现有漏电现象。测量电缆插头外壳，有 60V 的电压，拆开电缆两头，测量外壳还有电压。测量钻机电缆，发现电缆插头外壳对地之间有电。

搬迁完成后，实验发现，钻进电机 A、B 仍然可以运转。顶驱装上后，运转顶驱时出现故障，整流模块烧坏，整流控制板上有明显打火现象。

原因分析： 分别拆开钻机 A、B 电机的电缆，并分别运转，发现 A 电机有漏电现象；VFD 接地指示灯显示；B 电机单独运转时，VFD 房接地检测指示灯显示正常——说明 A 电机漏电。将 B 电机电缆接到 A 变频器上，仍有接地故障；A 电机电缆接到 B 变频器上，VFD 房接地指示灯显示正常。

得出结论，A、B 电机电缆无接地，A 变频器有漏电。测量 A 变频器柜内制动电阻铜板与地间的电阻为0。将A制动电阻电缆拆开，单独测量A制动电阻电缆与A制动电阻箱外壳电阻为0。可以得知A制动电阻有接地现象。

拆开箱体发现电阻无明显烧痕；拆开箱内电阻连线，分别测量各组电阻，发现档将温控器面板拆下时，电阻对箱体无接地，电缆与箱体之间电阻∞；观察发现温控器铜棒与制动电阻因为弯曲原因，连接到一起，导致接地，从而漏电。

处理方法：矫正铜棒后，重新观察，A、B电机连线恢复正常后，接地检测器指示灯显示正常，接地故障消除。

测量电缆插头与房体间的电压，仍然有部分电压，判断为感应电。

经验总结：(1)日常搬迁过程中，由于路途的颠簸可能造成螺丝松动，造成故障。

(2) 制动电阻温控器探头为铜棒，采取有效措施固定，防止与电阻模块连接，造成接地，进而使接地系统带电，烧坏部分设备(顶驱整流模块)。

(3) 在日常运行时，要时刻关注接地检测仪，随时查找接地原因，避免因设备接地，造成设备损坏。

案例四十九　自动送钻系统故障案例分析

钻机型号：70DB

系统简介：电控系统为西门子2006年制造，配45kW小电机自动送钻装置，由6SE70变频器驱动。

故障时间：2016年9月6日

钻井工况：HWTH-56井定向钻进

故障现象：自动送钻在运行一段时间后，报系统故障，自动送钻无法运转。复位后可以运行，但变频器报过流故障(7301)和编码器故障(2310)。

原因分析及处理过程：检查编码器电缆和接插件，发现插件有电缆不导通，有断线，更换插头后运行正常。

但在运行过程中，自动送钻报故障(系统故障、自动送钻离合器故障)，检查阀岛箱，发现自动送钻气路反馈气管线偶折叠。整理后，自动送钻运行正常。

运行一段时间后，自动送钻仍报离合器故障，复位后可用。检查气管线正常。而当时在使用隔膜气泵，判断为瞬间气压低，导致反馈电磁阀打不开，导致无反馈。调低电磁阀体上的压力门限值，自动送钻运行正常。

经验总结：(1)日常搬迁和生产过程中，由于经常性的拔插和防水问题，会导致插件内部电缆断线或老化断线。

(2) 井场使用的隔膜气泵用气量很大，在使用过程中应尽量避免与自动送钻同时使用。

案例五十　电磁刹车制动电流不稳定故障

钻机型号： ZJ70D

系统简介： 钻机由兰石厂 2004 年 5 月制造。电控系统为新加坡西门子直流调速，电磁刹车型号为 DS-70，电磁刹车控制柜为西门子 6RA7028 直流调速器。

故障时间： 2020 年 1 月 16 日

钻井工况： 起下钻作业

故障现象： 游车空载下放，司钻操作电磁刹车时，数字电流表显示电流，但数值并不固定，数值最高为 6.3A，游车下放多次自动刹停(见图 3-64)。

原因分析： 拆解电磁刹车控制手柄发现输出电缆开焊，只剩一丝连接，导致刹车手柄功能失效。

处理办法： 锡焊焊接，故障排除(见图 3-65)。

经验总结： 加强巡回检查，注意内部细节。

图 3-64　电磁刹车电流

图 3-65　电磁手柄输出线虚接

3.3　顶驱电气故障

案例五十一　景宏顶驱电机控制精度故障排除

钻机型号： ZJ70D

系统简介： 大庆景宏钻采技术开发有限公司 2012 年制造，顶驱型号为 DQ70BS-JH，配备 2 台额定功率 365kW 的交流变频电机，PH-50 型管子处理器一套，电控系统采用 ABB-ACS800 单传变频器。

故障时间： 2020 年 1 月 25 日

施工工况： 一开前

故障描述： 一开钻进过程中，司钻反映顶驱在旋扣过程中转动缓慢且旋扣时顶驱扭矩表波动较大，扭矩升到 10kN · m 以后顶驱抱死不在旋扣，经实际观察发现顶驱旋扣时启动瞬间顶驱扭矩就有 6kN · m 以上。

原因分析：针对顶驱转矩控制精度下降，回想前段时间顶驱 VFD 房借给其他井队使用过，随即联系相关井队顶驱师询问使用经过，是否修改过变频器参数。顶驱虽然可以正常运转，但控制精度明显下降很多，导致旋扣时极易憋停，咨询景宏维修站人员后，建议对变频器与电机做动态辨识。

处理办法：查看 ABB 变频器的手册，并与景宏维修站人员联系，决定进行简易模式的动态辨识，终于两台电机都辨识通过，再次旋扣时顶驱扭矩一直保持在 1~26kN · m 之间，转动起来也感觉平顺了许多，故障得以排除。

经验总结：成套设备在出厂前都已调试完毕，兼容性较好，针对重新配套的变频设备，运行前变频器与电机要做识别。

案例五十二　北石顶驱电控房变频器 F080 故障处置

钻机型号：ZJ70D

系统简介：DQ70BCS 顶驱由北石机械厂 2006 年制造，配备 2 台交流变频电机，额定功率 365kW * 2，配备 HP-50 管子处理器，电控系统由西门子 6SE70 系统变频器构成。

故障时间：2020 年 2 月 17 日

钻井工况：一开中完作业

故障现象：该台顶驱大修完后现场安装完毕进行试运转，上电后 1#变频器整流柜 PMU 报 F080 故障，故障复位后一段时间后又出现，但 CBP 通信板上红灯闪烁，黄灯不亮，绿灯常亮；2#变频器正常。使用 2#变频器单电机运转正常（见图 3-66）。

图 3-66　PUM 故障代码 F080

原因分析：查阅西门子矢量大全手册和西门子变频器整流单元故障代码，CBP 通信板上红灯闪烁、黄灯不亮、绿灯常亮是 CBP 等待基本装置开始初始化；F080 是接口处电路板初始化时出错。

处理办法：先后更换整流柜电子箱内 CBP 通信板和 CUR 板，故障没有消除，排除 CBP 通信板和 CUR 板坏的可能性，检查电子箱内插接 CUR 和 CBP 板的连接板，发现上面有麻点，经过测量发现第 2 排第 9 组一根排线不通，确定连接板损坏后引起的故障，组织配件现场更换后故障消除，恢复双电机运转(见图 3-67)。

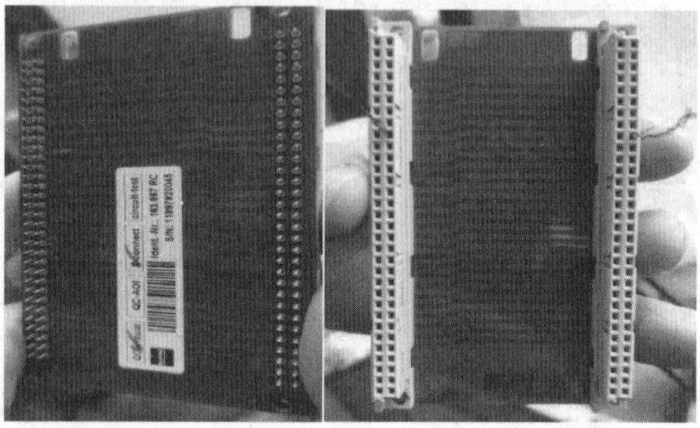

图 3-67　连接板

经验总结：该台顶驱电控房入厂前运转正常，从 2019 年 9 月底拉到厂内，到 2020 年 2 月 17 日上电调试时，存放时间四个半月，期间房内未经过任何除湿处理，导致印刷电路板内线路腐蚀断路。这类故障隐蔽性强，不好查找，给排除故障增加了不少难度。要彻底解决类似问题，建议各类电控房在入库存放、入厂检修及长时间未通电运转时，采用干燥剂或定期使用除湿机对房内进行除湿，防止房内线路腐蚀损坏。

案例五十三　VARCO 顶驱液压系统不动作故障排查

钻机型号：ZJ70D

系统简介：VARCO 顶驱由 NOV 公司 2003 年 8 月制造，型号为 TDS-11SA，配备 2 台额定功率 365kW 的交流变频电机，配备 PH-50 型管子处理器，电控系统由西门子 6SE70 变频器构成变频调速系统。

故障时间：2020 年 3 月 16 日

施工工况：起钻作业

故障现象：夜班接班后，打重浆准备起钻，发现顶驱旋转头旋转缓慢，各液压动作明显比平时慢，上钻台检查，液压电机运行正常，司控台各操作指令有响应。

原因分析：顶驱本体接线箱测量，各电磁阀线圈正常，电压 23.68V，排除电控因素，检查液压油油位发现油位较低，随后开始加注液压油，在加入两桶约30L后满油。启动液压泵试运转，运行情况比之前略有好转，但仍未达到正常水平，加油人员反馈液压油箱有气泡冒出，油位下降，可能液压管路中有空气，期间油压低报警灯闪烁。补足液压油后打开三位开关阀至泄压位排空，再次试运行几次后液压动作响应劣化，甚至只有抖动。在此期间，液压泵无论何种情况都未听到打到压力后泄压的声音，怀疑打不起压来，卸开变量泵和阀导箱主油管线两扣，开泵运行，感觉油压偏低，现场没有合适的测压表及管线，分析后认为是泵头损坏打不起压力，申请变量泵急料等待更换。

变量泵组织到队后，起钻准备换变量泵，由于空间受限不方便更换，耗时比较长，总共用时18小时将变量泵更换好，进行试机，部分液压动作恢复，背钳、机械臂仍然不能运行。电磁阀强制仍无动作，由于对液压系统不了解，申请公司上人维修。

厂家维修人员检查顶驱，进行测压后发现系统压力只有3MPa，压力太低不足以推动某些动作。由于变量泵是新换的，基本排除泵的问题，进行各压力调校后仍不能使压力恢复，维修人员判断为溢流阀UV1或泄压阀RV1可能损坏或堵涩，准备配件找适当时机进行更换。

处理办法：起至套管更换溢流阀UV1，原UV1插入阀在厂维修时维修人员用力太大，导致阀件本体螺丝花掉，拆装比较费时比正常慢了许多。

更换UV1后试机，故障依然未能排除，准备更换RV1。RV1的位置位于阀导箱内测与顶驱本体之间，不方便观察只能手摸拆装，位置及空间决定了更换难度更大费时更长，拆出RV1，发现RV1泄压孔被卡住，维修人员认为堵卡物可能是液压油箱箱内油滤胶皮，更换RV1后调节各压力到合适数值试动作，各动作基本恢复正常，只有机械臂液缸无响应，检查液缸阀导，强制针不能回弹，拆开来回活动灵活后上电检查，活塞动作正常，装回机械臂液缸阀导试机，所有液压动作恢复正常，此次故障完全排除恢复生产(见图3-68~图3-70)。

图3-68　VACRO变量泵

图3-69　UV1溢流阀

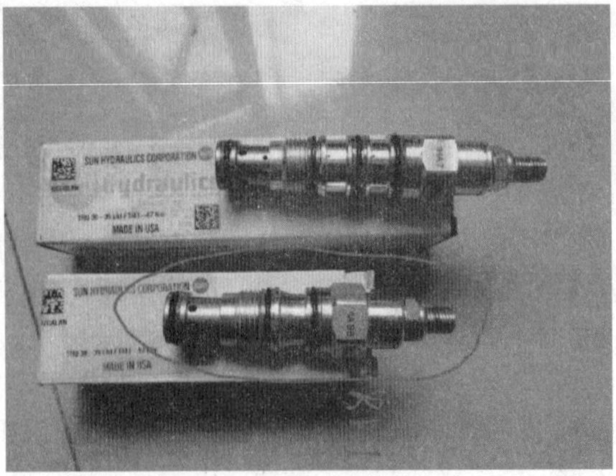

图 3-70　RV1 泄压阀

经验总结：此次压液系统故障，维修时长共计 38 小时，现场更换各配件受空间限制和其他客观原因耗时较长，缺乏设备资料、工具仪表及维修经验不足致使走了弯路。以后的工作中需要加强系统知识学习，设备管理部门应及时配套设备资料手册，便于查找、维修，更好的保障生产。

案例五十四　北石顶驱 F082 通信故障处理

钻机型号：ZJ70D

系统简介：DQ70BCS 顶驱由北石机械厂 2006 年制造，配备 2 台额定功率 365kW 交流变频电机，配备 HP-50 管子处理器，电控系统由西门子 6SE70 系统变频器构成。

故障时间：2020 年 1 月 22 日

钻井工况：三开钻进作业

故障现象：钻进过程中，顶驱主轴旋转钻井时，忽然报故障，顶驱主轴不转，1#逆变单元故障，故障代码 F082。关了系统总起后再复位，故障消除又可以继续使用。连续几天报警频繁(见图 3-71)。

原因分析：查阅西门子变频器手册得知 F082 故障属于通信问题，故障出现后工控机显示逆变器故障，1#逆变器通信板红色、黄色和绿色指示灯中绿灯不亮(见图 3-72、图 3-73)。

处理办法：停掉电源，拆掉 1#逆变柜的通信插头，更换新的 DP 通信头，故障解决(见图 3-74)。

经验总结：设备在运输和使用过程中受到震动引起部件松动，导致通信不良，现场加强巡检工作，及时发现和排除隐患。

图 3-71　F082 通信故障

图 3-72　逆变器 CBP 板通信

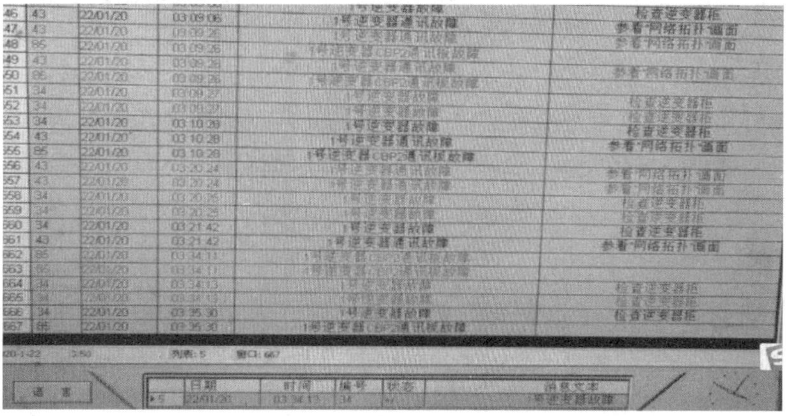

图 3-73　故障列表信息

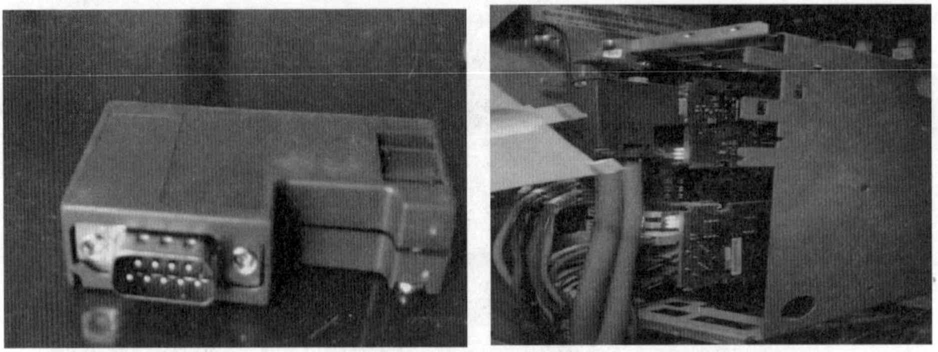

图 3-74　DP 通信故障

案例五十五　北石顶驱通信故障处置

钻机型号： ZJ70D

系统简介： DQ70BCS 顶驱由北石机械厂 2006 年制造，配备 2 台额定功率 365kW 交流变频电机，配备 HP-50 管子处理器，电控系统为西门子 6SE70 系统变频器构成。

故障时间： 2020 年 1 月 18 日

钻井工况： 二开中完作业

故障现象： 顶驱上电后顶驱房报急停故障，司钻房顶驱控制箱无指示灯亮，西门子 PLC S7-300 CPU 的 BF 红灯常亮。

原因分析： 这种情况属于通信问题，说明顶驱房到司钻操作箱无通信信号，固控机显示 ET200 司钻操作台红叉，顶驱无法执行动作（见图 3-75、图 3-76）。

处理办法： 打开顶驱面板 ET200 模块 DC5V 电源绿灯常亮，表明供电正常，SP 通信灯红色常亮（正常状态下 SP 灯不亮），表明司钻房至顶驱房 XT200 至西门子 S7-300PLC 通信不通。先检查司钻房到顶驱房插头 XT200 公头端，绿色线跟屏蔽线短接测量导通，红色线与屏蔽线短接测量也导通，测量绿色线和红色线阻值 200Ω 左右（正常阻值），由此判断这段通信线没问题。再检查 XT200 母头到 S7-300 的紫色通信线，发现红色与绿色线之间导通无阻值，剪掉一节通信线后再次测量俩线之间的阻值 200Ω 左右，安装好 DP 通信头，上电后顶驱通信恢复正常。

经验总结： 由于设备使用年限较长、电缆老化以及频繁的安装和拆卸易造成通信线损坏，现场应做好通信电缆线的防护工作。

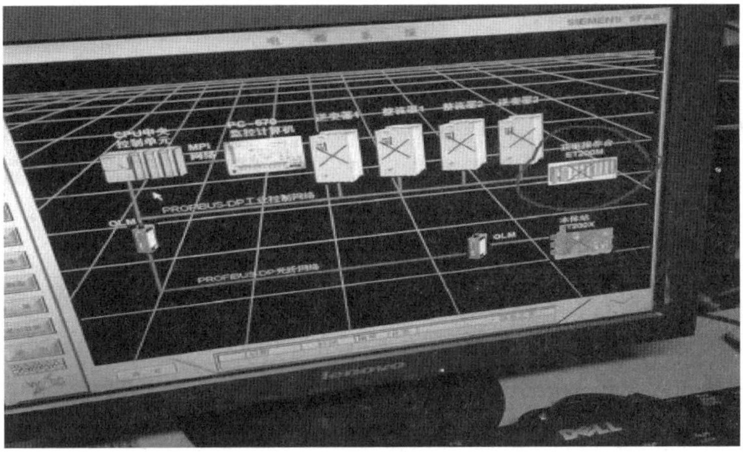

图 3-75　北石网络图

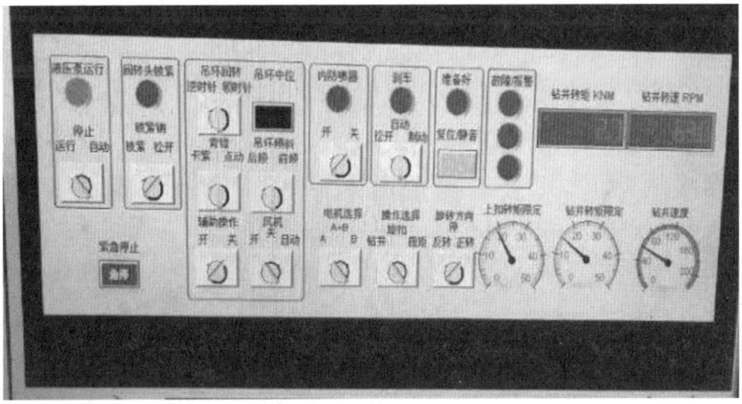

图 3-76　北石辅助操作界面

案例五十六　景宏顶驱变频器风机故障

钻机型号： ZJ70D

系统简介： 顶驱型号 DQ70BS-JH 由大庆景宏 2012 年 5 月制造，配备 2 台额定功率 365kW 交流变频电机，配备 HP-50 管子处理器，电控系统为 ABB-ACS800 系列单传变频器构成。

故障时间： 2020 年 3 月 18 日

钻井工况： 钻进作业

故障现象： 网电来电后，由发电机倒回网电，启动顶驱变频器，控制盘报 4290 故障，查询故障手册得知是散热片温度过高导致变频器无法启动。

原因分析：拆开 ABB 变频器检查发现散热风机不工作，判断散热风机启动电容问题。

处理办法：更换风机启动电容后，风机正常工作。

经验总结：冷却风机主要功能是为变频器内部 IGBT、晶闸管以及电容散热，启动电容属于易损件，一旦损坏冷却风机将无法启动，现场应有充足备件。

案例五十七　顶驱盘刹动作不连续故障

钻机型号：ZJ70D

系统介绍：顶部驱动装置型号 DQ70BS-JH 由大庆景宏公司 2019 年 10 月制造，配备 2 台额定功率 365kW 交流变频电机，配备 HP-50 管子处理器，电控系统为 ABB-ACS800 系列单传变频器构成。

故障时间：2020 年 6 月 7 日

钻井工况：定向钻进作业

故障现象：顶驱盘刹工作不正常，定向钻进时工具面不好摆。

原因分析：(1) 起钻至套管内检修顶驱盘刹，刹车钳动作不连续，怀疑油路不畅。

(2) 检查顶驱房内控制盘刹的中间继电器工作正常。

(3) 检查顶驱本体站发现电磁阀对应的电压(24V)正常，后用细杆螺丝刀手动点动盘刹阀芯未动(力度不大)。判断液压油不干净，阀芯阻卡。

(4) 工长开始拆卸阀岛组并把盘刹阀拆下清洗，未发现问题。

(5) 将盘刹控制和液动旋塞倒换，液动旋塞动作正常，从而确定盘刹电磁阀电磁铁损坏。

(6) 自制工具将电磁铁从阀体上拆下来，发现里面全是水，电磁铁接线插针锈蚀断了。

处理办法：(1) 重新焊接接线插针，插入阀芯，用开关电源实验正常。

(2) 配合工长将阀岛复位，启动顶驱测试，刹车工作正常。

经验总结：由于平时对电磁阀内部结构及工作原理不熟悉，导致电磁阀出现故障后不能准确判断故障点，本次电磁铁故障确实很意外，容易被忽略，现场设备管理人员要吸取经验教训，维修时要时刻保持头脑清醒，不放过任何可能性，少走弯路，快、稳、准地发现故障点并及时修复。

案例五十八　景宏顶驱液压泵空开保护故障

钻机型号：景宏顶驱

系统简介：DQ70BS-JH (500T) 由大庆景宏钻采技术开发有限公司 2012 年制造，配备 2 台额定功率 365kW 交流变频电机，额定电压 600V，配备 PH-50 型管子处理器，电控系统采用 ABB-ACS800 单传变频器系统。

故障时间：2020 年 2 月 4 日

钻井工况：三开钻进作业

故障现象：定向钻进，还有 1m 打完时，司钻操作吊环后倾无动作，前倾、旋转头正反转都无动作，顶驱控制房各个继电器开关动作正常，检查顶驱上的液压泵发现不转，查找出顶驱控制房左侧柜门内 QF2 空气开关跳闸。合上 QF2 空开，司钻把旋钮打到液压泵启动，QF2 立刻跳闸(见图 3-77)。

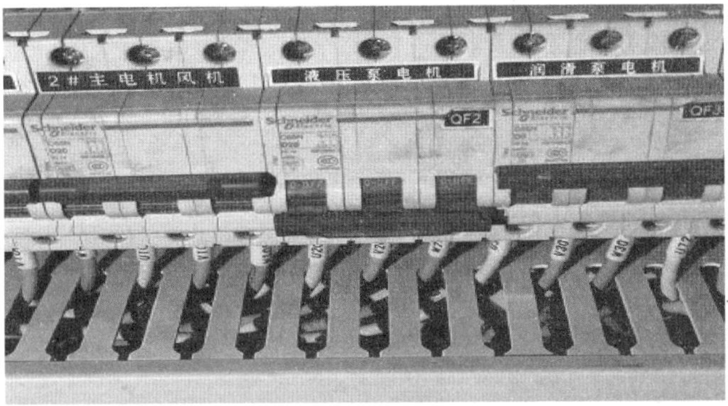

图 3-77　液压泵

原因分析：检查测量电机相间绕组阻值 3～4Ω，用绝缘摇表测量各相绕组对壳体绝缘值为 0Ω，由此判断液压泵电机对地短路(见图 3-78)。

图 3-78　液压泵电机

处理办法：先卸掉液压油，拆液压泵连接管线及电机，更换新液压泵总成(一套)，安装固定、加注液压油之后，启动试运转液压泵排空，测量液压系统压力恢复正常，各项功能正常使用。

经验总结：定向时刹车盘刹不住车，应该是液压泵跳闸后，系统压力低导致，更换新液压泵之后，未出现钻具慢慢回转现象，今后加强日常巡检，及时发现和排除隐患。

案例五十八　顶驱旋转头液压控制系统故障排除

钻机型号：ZJ70D

系统简介：宝石公司2009年出厂，系统采用西安宝美生产的70D电控系统，主要由西门子S7-300PLC、5套SCR柜、4套GEN柜、MCC柜等组成。

主发电机为4台1200kW的CAT3512B发电机组，辅发为400kW的Volvo，泥浆泵为2台永济800kW直流电机作为动力，绞车为2台800kW直流电机，转盘为1台800kW直流电机，顶驱为美国VARCO-11SA型顶驱，2008年投产，配备2台额定电压600V、额定功率365kW交流变频电机，配备HP-50型管子处理器，电控系统为西门子6RA70系列变频器组成。

故障时间：2020年1月18日

钻井工况：起下钻作业

故障现象：顶驱旋转头只能左转，不能右转。

原因分析：电磁阀损坏、液压系统压力低、缺少液压油、电控故障都会造成上述故障现象的发生。

处理办法：检查旋转头控制的三位旋钮开关，测量左转、右转开关动作瞬间触点的工作状态，确定旋钮开关触点没问题后打开顶驱本体接线箱，找到控制旋转头的触点43#、44#(见图3-79)，将旋转头开关打到右转状态，测量触点电压为+24V，证明信号到接线箱端正常，断电状态测量43#、44#电阻为0，然而电磁阀线圈正常电阻在60Ω左右，怀疑电磁阀端有故障。

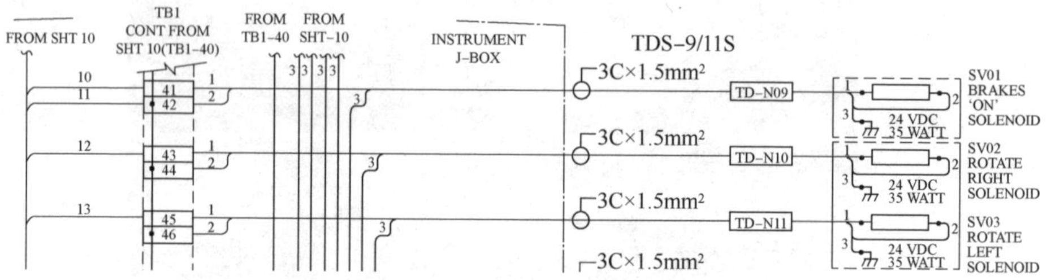

图3-79　电气接线图

打开电磁阀接线盒，发现接线正常，测量电磁阀接线柱电阻为56.4Ω(图3-80)，断开接线测量其电阻为56.4Ω，证明电磁阀线圈没问题。问题锁定在接线箱与电磁阀进线，经检测发现接入电磁阀电缆格兰处三芯电缆内部被拉断，只剩下胶皮连接，前端内部相间短路，去掉该电缆重新连接电磁阀，测量电阻、运行电压，测试运行，一切正常。

经验总结：顶驱旋转头动力来源于液压泵，处理此类故障首先要确保顶驱液

图 3-80　电磁阀实物图

压泵工作正常，第二步要测量顶驱 VFD 房内 PLC 旋转头模拟量输出模块 SM321 和顶驱司钻控制箱内给定旋钮开关工作是否正常，第三步测量旋转头动作控制电磁阀是否工作正常，电磁阀线圈和接线是否完好，第四步判断液压系统压力是否正常，油路是否通畅，液压油油量是否充足。按照上述步骤基本可解决顶驱液压系统动作类问题，例如旋转头、倾斜液缸、液动旋塞、背钳、平衡液缸等问题。

案例六十　景宏顶驱 ABB 变频器故障排除

顶驱型号：景宏顶驱 DQ70BSQⅡ-JH

系统简介：黑龙江景宏石油设备制造有限公司 2013 年制造，配备 2 台额定电压 600V、额定功率 365kW 交流变频电机，配备 HP-50 型管子处理器，电控系统为 2 台 ABB-ACS800 系列单传变频器组成。

故障时间：2020 年 3 月 26 日

钻井工况：取心作业

故障现象：取心钻进时，顶驱忽然停转(电机 A+B 模式)，检查电控房发现 B 电机变频器柜跳闸。故障出现后，打开 B 电机变频器控制柜，观察发现有 2 个保险烧坏，更换保险送电后，出现“啪啪”响了三声，肉眼观察直流电容有烧坏的(见图 3-81)。

原因分析：变频器 IGBT 损坏引起熔断器熔断，更换熔断器后再次送电又引起电容损坏。

处理方法：拆机检查各部件，直流电容组短路，绝缘片烧坏，拆分电容组发现有 2 个电容装反，测量充电回路，充电电阻烧坏(万用表测得无穷大)，检查 IGBT 模块，3 只 IGBT 型号不同，无法兼容使用(见图 3-82)。

现场更换电容 4 只、同型号 IGBT 3 只、熔断器 2 只，清理机器内部灰尘，上电测试正常连接电机电缆，带载测试正常。

经验总结：通过厂家服务人员现场检查和更换，学到了一些 ABB 变频器故障判断的相关知识，同时对于 ABB 变频器结构也有所了解，便于今后顶驱使用过程中的维护和保养。

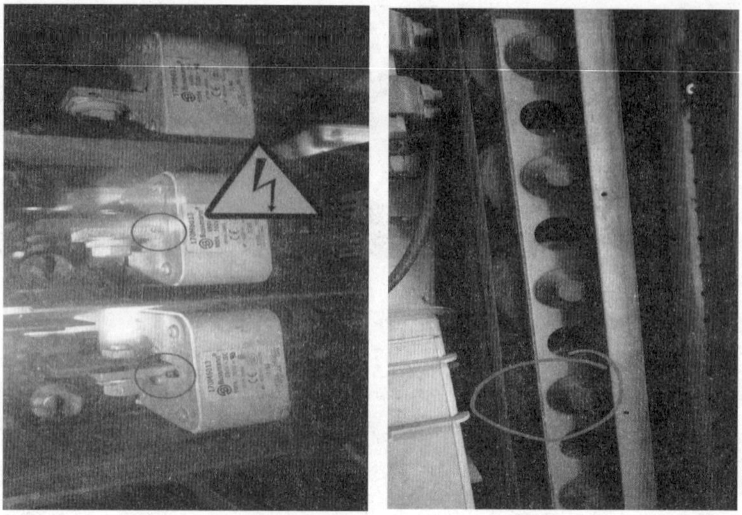

图 3-81　熔断器、电容现场图

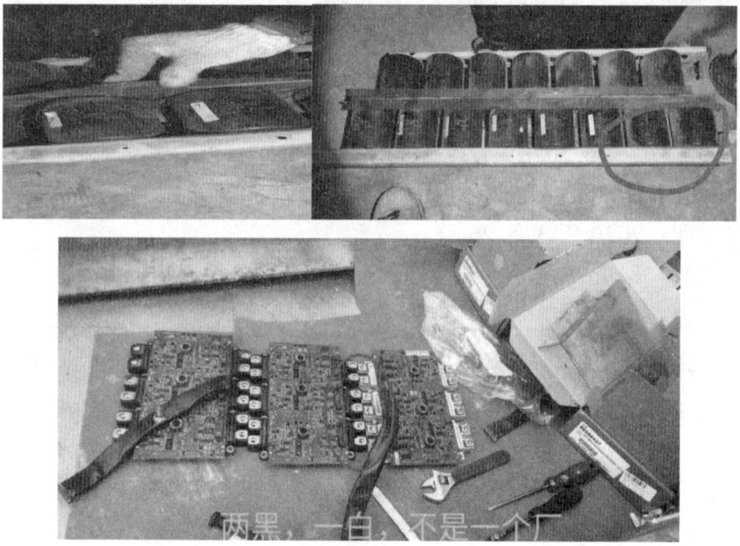

图 3-82　现场损坏电容、IGBT

案例六十一　VARCO 顶驱常见故障处理汇总

顶驱型号：VARCO TDS-11SA

系统简介：TDS-11SA 为 500T 顶驱，主电机为 2 台额定电压 600V，额定功率 365kW 交流变频电机，配备 PH-50 管子处理器，电控系统为西门子 6SE70 系列变频器。

VARCO TDS-11SA 顶驱是目前世界上非常先进的交流顶部驱动钻井系统，

它体积小，安装简单，操作方便，高效、安全。但是在使用中有时会遇到各种各样的故障，有些故障比较特殊，它严重影响顶驱的安全使用，如果不能及时解决，顶驱将无法正常工作。解决这些特殊故障，多数不需要更换任何器件，也不需要很长时间，甚至不用任何工具。以下为处理故障的方法，简单、具体且实用。

1. 液压油位过低

故障现象：顶驱启动自检正常，司钻控制箱上的大多数功能控制开关操作无效，顶驱不能转动，液压油泵交流电机与主电机交流风机不工作。当液压开关由“AUTO”位扳到“ON”位时，液压油泵交流电机与主电机交流风机才正常工作，顶驱主轴还是不能转动。

处理方法：（1）添加相同型号和规格的液压油，油位达到观察孔位的2/3处，起动油泵后，要继续观察油位，如果出现下降，还要添加液压油。

（2）如果液压油漏失量不是很大，启动顶驱，让液压油泵连续运行5~15min。（液压系统有渗漏，顶驱停用时间长，会出现以上现象）。

2. 给定扭矩较低

故障现象：顶驱在钻进中机械转速变低，不能调高，但能调低，而空载和轻载时顶驱转速调节正常。

处理方法：按照钻进作业的实际要求增大钻进给定扭矩（如果钻进给定扭矩较低，井下钻具遇阻增大、钻头尺寸过大或钻压过大都会降低机械转速）。

3. 制动开关设置不正确

故障现象：PH-50管子处理装置工作正常，顶驱主轴不能转动，顶驱控制房内的OPY面板上显示的顶驱工作电流很大，超过900A，频率为0Hz。司钻控制箱上的转速表无转速显示，扭矩表有扭矩显示，为高扭矩，红色刹车制动指示灯点亮。

处理方法：将转速控制手轮复位，把制动开关由“ON”位扳到“AUTO”位（正常钻进时，制动开关长期处于“AUTO”位，有时在顶驱检修或停用后，被人动过，没有及时复位）。

4. 制动控制故障

故障现象：顶驱无转速，无扭矩，盘刹不能松开，红色刹车制动指示灯点亮。

处理方法：将制动开关由“AUTO”位扳到“OFF”位，再由“OFF”位扳到“AUTO”。

5. 主断路器频繁热脱扣

故障现象：钻进时，顶驱主轴的转速忽高忽低，主电机也随着发出忽高忽低的运转噪声，扭矩变化很大。不久，顶驱控制房内主断路器CBM（1200A）出现次跳闸，在OPY面板上经检查r947，显示的故障代码为F035，EXT FAULT（外部故障）。

处理方法：（1）自然冷却能耗制动电阻器和主断路器 CBM，20~30min 以后合上主断路器；

（2）增加一台风机给能耗制动电阻器和主断路器散热，能大大减少这种跳闸的次数；

（3）根据地层、钻具和钻头的使用情况，调整钻井参数或起钻更换钻头（由于主断路器 CBM 距离能耗制动电阻器较近，当能耗制动电阻器吸收了大量逆功，电阻器温度不断升高，在此热源的辐射作用下，主断路器 CBM 一侧的温度也不断升高，最终发生热脱扣）。

6. 编码器故障

故障现象：当转动主轴时，无转速，振动，高扭矩，刹车指示灯不亮。顶驱控制房内大变频器的 OPY 板上出现 F015、F051 或 F053 代码。

处理方法：打开顶驱控制房内的旁通开关（编码器线路和编码器出了故障。如果顶驱不能停下来维修或现场没有维修配件，这是一种应急解决方法）。

7. 通信故障

故障现象：顶驱控制房内大变频器的 OPY 面板上出现 F080、F081 或 F082 代码，SF 或 BF 故障指示灯（LED）点亮。

处理方法：把 CPU 上的开关搬到 STOP 位置，再搬到 RUN 位置，使 CPU 复位（接地和线路的屏蔽不良会出现以上现象。SF 指示灯点亮代表系统故障，BF 指示灯点亮代表总线故障）。

8. 输入 600V 交流电源反相

故障现象：顶驱运行正常，当顶驱控制房内的空调启动时，压缩机发出一种碰击声，声音非常大，空调不制冷。

处理方法：按照 VARCO 顶驱控制房 600V 交流电源进线相序 R-S-T（正相序）要求调整电源接线（这种现象多出现在顶驱拆装后，特别是在寒冷的冬季。设备安装后，调试顶驱时，由于外界环境温度很低，空调压缩机不启动，输入的交流电源反相不易被及时发现）。

9. 失风不报警

故障现象：检查顶驱失风报警功能时，在顶驱控制房内分别断开顶驱主电机左、右冷却风机断路器，冷却风机停止工作后，司钻控制箱上没有出现失风报警。

处理方法：爬上顶驱本体，分别反复调节风压开关上的（后端粗）螺栓，调好后要用漆或胶固定（风压开关欠调，能及时发现，而风压开关过调，失风不报警，不易及时发现）。

10. 小变频器过流

故障现象：液压油泵电机与主电机风机不工作，司钻控制箱上出现低油压和失风报警，顶驱不能转，顶驱控制房内小变频器的 OPY 板上出现 F011 代码，代表小变频器过流。

处理方法：在小变频器 PMU 板上按 P 键复位，三台电机逐个启动，先起动油泵电机，当油泵运转正常后，再启动两个风机(当出现缺相、短路、冬季油路遇阻时，都会出现过流，这是一种应急解决方法)。

11. 小变频器运行被锁(ON LOCK)

故障现象：液压油泵电机与主电机风机不工作，司钻控制箱上出现低油压和失风报警，顶驱不能转，顶驱控制房内小变频器 PMU 板上出现 008 代码，小变频器被锁。

处理方法：打开小变频器门，在 CUVC 板上有一个带跨接线的插座，将其完全拨下，再插到原位，ON LOCK 就被解开。

12. 小变频器损坏

故障现象：小变频器内部硬损坏，无辅助动力三相 600V、60Hz 交流电输出，导致液压油泵电机与主电机冷却风机不能工作，司钻控制箱上出现低油压和失风报警，顶驱不能转动。

处理方法：(1) 更换小变频器或内部硬损坏的器件。

(2) 取出顶驱控制房内的熔断体 FU9、FU10，切断直流母线与小变频器的连接。断开小变频器交流电输出线头 U2、V2、W2，并对线头裸露的导体进行绝缘包扎。引入顶驱控制房的三相 600V、50Hz 的交流电，把它接入小变频器交流电输出端 3T1、3T2、3T3（如果现场没有维修配件，这是一种应急解决方法）。

13. 大变频器运行被锁(ON LOCK)

故障现象：顶驱主轴不转，在大变频器的 OPY 板上出现 008 代码，大变频器被锁。

处理方法：断开送入变频房的 600V 交流电源，3～5min 后再送电，ON LOCK 就被解开。

14. 小变频器系统故障

故障现象：小变频器 PMU 板上出现各种故障显示或显示不正常，导致液压油泵电机与主电机冷却风机不能正常工作。

处理方法：(1) 在 PMU 板上按 P 键对小变频器进行复位。如果故障不能解除，请采用以下方法。

(2) 断开顶驱控制房内主断路器 CBM，3～5min 后再送电。如果故障不能解除，请采用以上第 12 条“小变频器损坏”解决方法。

15. 顶驱系统故障

故障现象：大变频器 OPY 板上或 CPU 上出现故障显示，顶驱系统不能正常工作。

处理方法：(1) 对于大变频器，在 OPY 板上按 REST 键对大变频器进行复位；如果故障不能解除，请采用以下方法。

(2) 断开顶驱控制房内主断路器 CBM，3~5min 后再送电。如果故障不能解除，请采用以下方法。

(3) 分断顶驱供电断路器，切断送往顶驱控制房的 600V 交流电，3~5min 后再送电。

(4) 对于 CPU 出现 FAULT 的复位，将 CPU 上的状态开关由 RUN 位搬到 STOP 位，再由 STOP 位搬到 RUN 位。

经验总结：遇到顶驱出现的故障时，首先不要怀疑硬件损坏，更不能轻易将有的器件拆下来检查，误判和解决问题的方法不正确，有可能会人为制造新的故障，浪费解决问题的宝贵时间，甚至会造成井下复杂。

在工作中，经常会遇到一些新问题，而又没有现成解决问题的具体方法，需要对顶驱进行全面、系统的检查和分析，逐步缩小问题的范围。要认真检查司钻控制箱上的各种控制开关是否被人动过、是否有误操作，要询问发现故障的当事人，要检查顶驱控制房内 OPY 板、MPU 板上显示的各种信息和 CUP 以及其他电路板上的指示灯工作状态，还要检查顶驱的运行和维护记录，综合各种信息，由表及里、由浅入深、冷静分析，有的放矢。OPY 板、MPU 板上显示的故障信息，能迅速准确地引导维修人员查找到故障。

案例六十二　北石顶驱主电机动力缆漏电干扰绞车电控问题

设备型号：北石 DQ-70BSF 型顶驱(2006 年投产)

系统简介：DQ-70BSF 型为 500T 顶驱，2 台主电机额定电压 600V、额定功率 365kW，管子处理器为 50 型，电控系统为 2 台西门子 6SE70 系列变频器。

故障时间：2020 年 8 月

钻井工况：起下钻更换钻具。

故障现象：更换新动力钻具，入井准备对接顶驱进行试验动力钻具。在顶驱主电机进入旋扣模式后 10s 后即出现钻机电控系统报警——“气源压力低”，电控盘刹自动进入急停状态而紧急刹车，随后变频器停止输出钻机绞车进入停机状态。

原因分析：经仔细观察发现在顶驱主电机一运行大约 10s 后，钻机电控系统的气源压力检测反馈值有闪断现象，由正常的 0.7MPa 瞬间闪断为 0 随即恢复。经判断有以下原因：(1) 钻机电控系统受到干扰；(2) 气路控制回路共有七个逻辑控制“或阀”存在误动作或气路中有杂质轻微受堵情况。

处理过程：该顶驱刚刚大修完毕，在接收后第一时间现场顶驱师就测量了顶驱的主动力电缆绝缘值，发现共计 16 个接插件，有 12 个接插件绝缘值不达标只有 0.2MΩ，距厂家技术手册要求的 5MΩ 差距较大，存在漏电风险，并及时进行了汇报。本次怀疑与顶驱动力电缆漏电存在较大关联，在顶驱电控已接一条 300^2MM 接地线的基础上再加接一条 75^2MM 接电线一条，接地桩均采用专用 1.8m 镀锌钢棒。检查司钻房接地，电控盘刹接地，未发现异常。检查气路回路，考虑过卷阀的“或阀”在无信号的情况下总是动作，准备更换“或阀”检查气管线。排查期间井口人员发现顶驱电缆冒烟，随即拍下了顶驱急停按钮。基本可以判定为顶驱主电机动力缆漏电，干扰了绞车控制系统的从站 ET200 而发出了错误的电控盘刹停机信号。四川彭州区块进入雨季后接连几天的大暴雨让本来就绝缘不好的动力缆漏电情况更加严重，致使顶驱 A 电机 B 相电缆公母接插件烧坏（见图 3-83），A 相、C 相也存在漏电现象，随即对 A 电机进入电机本体端电缆进行更换。由于都存在漏电现象计划更换 3 根进线，受空间所限现场只更换完 1 根烧坏电缆，其他 2 根无法更换需要拆解顶驱，为保证井下安全，只能选择单电机（B 电机）运转，待中完期间将顶驱甩下进行维修。

图 3-83　损坏插件及电缆

经验总结：大修出场以及长时间搁置的顶驱再次使用前要对电缆、电机及变频器进行绝缘测试，保证绝缘良好的情况下才能送电；北石顶驱电缆插件（动力、控制）均未做注绝缘防水密封胶，极易因下雨进水造成烧毁，现场要加强对插件的防护；顶驱电缆走线尽量要与其他钻井设备电缆保持一米以上距离，防止出现电器干扰。

案例六十三　网电房电流互感器烧毁引发的网电跳闸

网电房型号：YZB-70D/35（胜利高原）

系统简介：变压器变比 35kV/0.6kV，额定容量 3150kVA。

故障时间：2020 年 8 月 3 日

钻井工况：钻进作业

故障现象：在钻进过程中，网电突然断电，经昆仑能源检查发现网电尾杆高压断路器跳闸，显示 C 相过电流超 100A。

原因分析： 泸 203H64 平台的两口井在钻进时高压侧线电流在 60A 左右，C 相电流超过 100A，说明有过载或断路现象。

处理办法：（1）对变压器进行检查。变压器外观完好，没有打火痕迹，温度也在正常范围内；

（2）对低压侧进行检查，发现 C 相的电流互感器的外壳有融化现象，拆掉外壳，内部线圈明显烧黑，用角磨机将互感器切开并拆除；

（3）由于设备老化，为避免 A 相、B 相电流互感器也出现类似情况，于是将 A 相、B 相电流互感器二次侧短路，从变压器二次侧断路器观察相电流，网电恢复正常。

经验总结： 电流互感器二次侧不许开路运行。因为接在电流互感器副线圈上的仪表线圈的阻抗很小，相当于在副线圈短路状态下运行。互感器副线圈端子上电压只有几伏。因而铁芯中的磁通量是很小的。原线圈磁动势虽然可达到几百安或上千安匝或更大。但是大部分被短路副线圈所建立的去磁磁动势所抵消，只剩下很小一部分作为铁芯的励磁磁动势以建立铁芯中的磁通。

如果在运行中时副线圈断开，副边电流等于零，那么起去磁作用的磁动势消失，而原边的磁动势不变，原边被测电流全部成为励磁电流，这将使铁芯中磁通量急剧，铁芯严重发热以致烧坏线圈绝缘，或使高压侧过流。

案例六十四　Varco 顶驱编码器故障处理

顶驱型号： TDS-11SA（美国 varco）

系统简介： TDS-11SA 型号为 500T 顶驱，配备 2 台额定电压 600V、额定功率为 365kW 交流变频电机 2 台，配备 PH-50 管子处理器，电控系统为西门子 6SE70 系列变频器。

故障时间： 2020 年 8 月 21 日

钻井工况： 钻进作业

故障现象： Varco 顶驱在钻进接立柱上扣过程中，出现顶驱完成冲扣，背钳卡紧钻杆接头，紧扣时上扣扭矩上升到 15000ft/lb 后无法继续上升（正常推荐上扣扭矩为 22000ft/lb）；钻进过程中，扭矩表显示钻进扭矩值不准确（偏小）。

原因分析： 引发此类故障可能是因为缺少液压油导致液压系统压力过低；编码器故障导致转矩反馈不准确。

处理办法： Varco 顶驱转速和扭矩显示数值主要由安装在顶驱左侧电机主轴上的光电编码器采集数据传输至顶驱 VFD 房内 DTI 板上，数据经过 CUVC 板的处理后最后通过转速表及扭矩表显示出来（见图 3-84）。判断 DTI 班是否损坏，用万用表测量 DTI 板上 X404 端子排上的 1 和 2 是否有 24V 电压，电压正常说明 DTI 板供电正常；再测量 X402 的 1 端子和 14 端子，电压正常说明 DTI 板到编码器的线路是良好的；测量 X403 的 1 端子和 6 端子，电压正常说明 DTI 板和

CUVC 板之间通信正常。通过以上三组端子的测量判断 DTI 板工作正常和排除线路故障；拆检顶驱编码器，位于顶驱左侧主电机风机的风筒内，检查发现编码器连接皮带断裂，旋转编码器主轴发现阻尼过大，拆解编码器后，发现编码器码盘破碎，编码器损坏。换编码器及编码器皮带后，顶驱恢复正常。

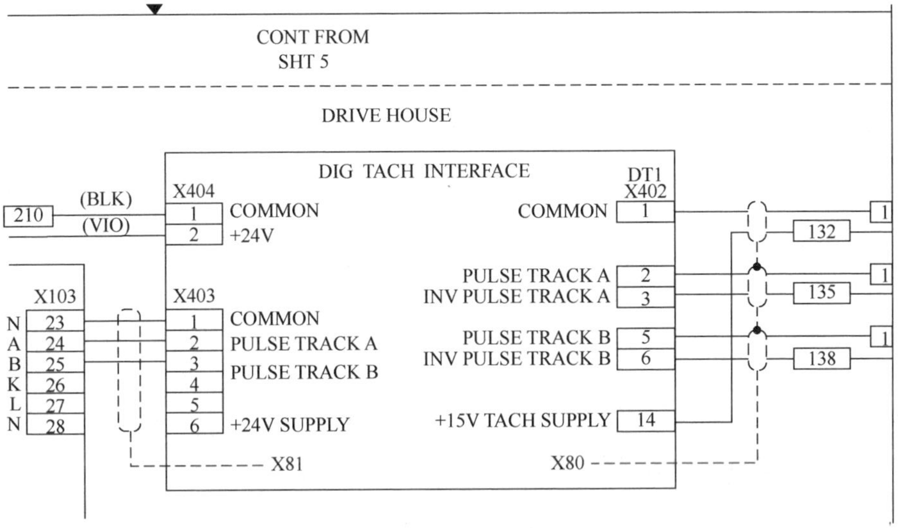

图 3-84 DTI 板线路图

经验总结：现场维修此类故障时，如果现场无备用件，建议采取将顶驱 VFD 房内的控制模式由 PLC 控制改为旁路控制，将编码器甩开使用。此时应提示顶驱操作人员注意在上扣的时候，扭矩会不稳，顶驱摆动会很大，同时建议紧扣时间不要过长，可采取多次短时紧扣的方式完成紧扣。卸扣时，背钳咬紧后，注意观察司钻控制箱上的电流表电流显示，切勿电流过大造成电机功率输出过大，致使主轴其他接头被卸开。

案例六十五 Vacon 变频器故障处理

钻机型号：ZJ70LDB

系统简介：胜利高原钻机于 2007 年生产，电控系统为西安宝美电气生产，配备 VACON(伟肯)变频器 2 台，1 台额定功率 600kW、额定电压 400V、额定频率 50Hz 控制转盘电机，1 台额定功率 150kW、额定电压 400V、额定频率 50Hz 控制自动送钻电机，动力端配备 3 台额定功率 400kW、额定电压 400V 威尔信 WPS625 发电机。

故障时间：2012 年 6 月 21 日

钻井工况：钻进作业

故障现象：转盘变频器在使用过程中，变频器突然停机。

原因分析：变频器内温度经测温枪测量高达 95℃，操作面板显示 A014 故障，查询操作手册得知该故障为变频器温度过高(见图 3-85)。

14	变频器温度过高	散热器温度超过 90℃ 当散热器温度超过 85℃ 出现过热温度报警	检查安装的正确性与冷却流通通道 检查散热器是否不干净 检查环境温度 检查与环境温度和电机负载相比，开关频率没有过高

图 3-85　变频器温度过高故障

处理办法：根据手册排查变频器温度过高原因，MCC 房内空调功能正常，室内温度 22℃，变频器柜通风通道未堵塞(排除)，检查变频器散热风机，散热风机风道正常，给散热风机上电，观察风机转速，运行 5min 后，发现 6 个散热风机中有 3 个停转，用测温枪测量停转风机轴承温度，温度高达 105℃。确定变频器停机故障原因是散热风机损坏，导致变频器温度升高，达到报警温度后保护停机。

处理办法：由于现场无备用散热风，决定先拆除故障散热风机(发现风机轴承磨损严重)以及风机的驱动电路板(发现驱动电路板中的 10uF 的电容损坏)(见图 3-86)，同时安装 2 台鼓风机代替散热风机，对准变频器风道将室内冷空气吹入风道，来降低变频器温度实现变频器的应急使用。

图 3-86　冷却风机及驱动版

经验总结：(1)Vacon 变频器发生故障时已使用 6 年，部分电器元件的寿命已进入后期，陆续会出现故障，建议对长期使用的电器设备做好备件储备；

(2)井队使用的大部分直流调速器或者变频器内都会有散热风机，散热风机故障会引发柜内变频器温度迅速升高，如果发现不及时很容易造成变频器内部 IGBT、晶闸管或者电容烧毁，建议加强平时对散热风机的重点养护，除变频器自身带有的温度保护外再另外加装温度检测装置，温度报警设定值小于变频器的报警值，第一时间发现温度变化并及时处理。

案例六十六　北石顶驱液动旋塞曲柄故障修理

钻机型号：ZJ70D

系统简介：DQ-70BSF 型北石顶驱为 500T 顶驱，配备 2 台额定功率为

365kW 交流变频电机，配备 PH-50 型管子处理器，电控系统为西门子 6SE70 系列变频器。

故障时间： 2020 年 9 月 9 日

钻井工况： 起钻作业

故障现象： 更换顶驱液动旋塞完毕后，顶驱旋塞无法开和关，此时旋塞的曲柄拆掉暂时未装好。且顶驱主电机无法启动，合闸主电机风机，风机接触器跳闸。将顶驱由 PLC 模式切换至旁路模式，故障现象依旧。后将顶驱操作台的各个旋钮恢复到初始状态，顶驱电控房重新上电，顶驱主电机能正常运转，但液动旋塞仍然无法关闭，顶驱主电机也无法再次启动。

原因分析： 液压系统电控故障。

处理方法： 打开顶驱本体的接线箱，检查发现光缆有一丁点的松动，插紧后，故障依旧。万用表测量电控房内的 K125 继电器输出是 24V，继电器运行指示灯也正常点亮。

判断可能是控制旋塞的电磁阀故障，直接给控制旋塞的电磁阀的 24V 电压，该电磁阀工作正常，液动旋塞也能实现正常的开和关，排除掉电磁阀的原因。恢复线路，顶驱打到通信模式，重启系统，顶驱恢复正常运转(此时液动旋塞处于打开的状态)。

将液动旋塞的曲柄装好，安装过程中发现管具二队的顶驱工程师在第一次修理旋塞时，其两侧的曲柄装反了。重新安装好曲柄后，再次运行顶驱，均恢复正常。分析原因是曲柄装反，导致电磁阀出现卡阻，液动旋塞无法开关到位，引起 PLC 报警，导致出现了一系列的问题。

经验总结： 顶驱是机电液一体化设备，任何的疏忽都可能会导致故障复杂化。由于该顶驱是租赁的，服务方现场服务人员的水平也是参差不齐，建议加强对服务方服务人员的监管。

案例六十七　CANRIG 顶驱通信及+15V fault 故障

钻机型号： ZJ70D

系统简介： 高原钻机厂生产 ZJ70D 钻机，配套宝美生产的 ROSSHILL 1400 直流电驱动系统，4 台发电机柜，5 个直流柜。顶驱型号为 CANRIG 1250AC-681。

故障时间： 2018 年 11 月 30 日

钻井工况： FDHL-126 井开钻前准备

故障现象：（1）Delta2 DIB +15V FAULT；（2）逆变器的通信线红绿闪烁。

原因分析： 司钻台控制箱的 CB1、CB2 无 24V，从 CB3 临时接 24V 过去，液压站工作正常，开关打到使能，风机启动了一下就停了，触摸屏上报 VFD FAULT；Delta2 DIB +15V FAULT；VFD Breaker OPEN；在网络图里 modbus 模块到逆变器的通信线红绿闪烁。

断电重启复位，操作台内 CB3 合不上闸。检查发现 10 芯插头有断线，割掉插头接线到操作箱内端子排(见图 3-87)，送电后 24V 正常，CB3 合闸正常，ABB 风机小变频器自动复位(查询故障记录是过流)，变频器的通信线恢复正常，启动顶驱，报故障，而后自动恢复正常。

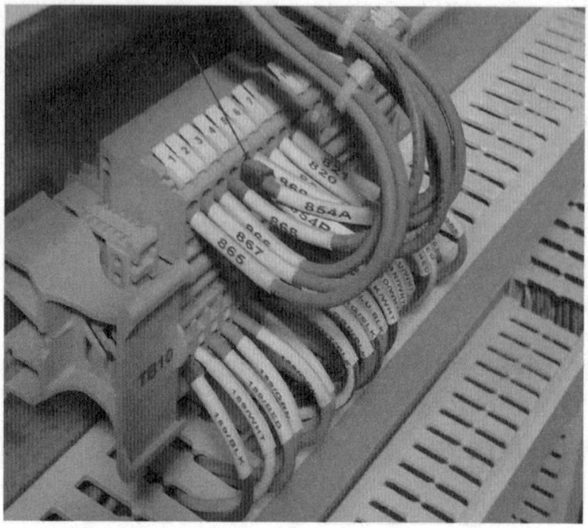

图 3-87　端子虚接

在给刹车油壶加油期间，启动液压站时，变频器的网线又红绿闪烁。变频器房插拔网线测试，拔掉网线 2s 后，IO 板子上的 digout1 灭(CH1 loss)，同时 digout2 亮(TRIP)，变频器操作面板报 CH1 loss，两头的网线插拔后，复位故障，变频器通信线还是红绿闪烁。全部断电后重启，恢复正常，地线浇水，进一步观察。

11 月 30 日，拆解检查 10 芯电源线的插头插座，发现插头的 F 插针蓝色线断了，可以用插头的备用 B 插针白线替换，待适当时间接回使用。开钻，一开钻进，没有出现变频器通信变红的情况(见图 3-88)。

12 月 1 日 9 点，顶驱无故障停机，司钻手轮归零重新给定转速后正常。由于上口井发生的故障，短接了 IO 接口板安全继电器，搬家期间更换新的 IO 接口板的，继电器触点没问题。结合之前的故障和这次 modbus 至变频器通信板间网线红绿闪烁的现象，分析可能是到变频器的网络通信板有问题，打算换通信板。

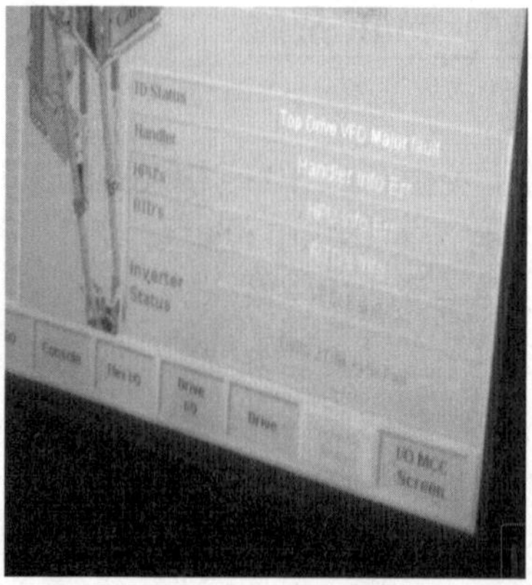

图 3-88　顶驱报故障

12 月 2 日一开固井，更换了变频器上的网络通信板。

二开钻井振动比较大，18 点顶驱停转，触摸屏报 Delta2 DIB +15V FAULT，复位后过一会儿又报，编码器旁通，将 15V 电源从房头挑开包好，恢复钻井，待打完二开固井时查线。

12 月 3 日，在固井候凝期间观察到触摸屏上有以下问题：

(1)切换到 I/O MCC 画面，变频器的通信线偶尔闪烁(图 3-89)；

(2)切换到 drill 画面，VFD Breaker OPEN 偶尔闪烁；

(3)切换到 maintenance 画面，DB FAULT 偶尔闪烁。

图 3-89　通信指示

① 去 VFD 房查看 IO 板的 digout1 继电器灯是常亮，说明通信正常，去 PLC 的通信故障反馈信号有问题；

② 查看主断路器处于合闸状态，进一步查看合闸的 PLC 继电器 CR3 常亮，说明去 PLC 的主断路器合闸信号反馈有问题；

③ 查看制动电阻模块灯显示正常，进一步查看制动电阻故障的继电器 CR4 常亮，说明去 PLC 的 DB 故障反馈信号有问题；

④ 根据图纸找到这三个信号的分别是 PLC1.4(CB CLOSED)、PLC1.5(DRIVE COMM FAULT)、PLC8.1(DB MASTER FAULT)，查看 PLC 模块上这三个灯偶尔闪烁，验证了问题出在给 PLC 的反馈信号上，应该出在公共 24V 电源上；

⑤ 查看图纸找到了这三个信号都是由 CAB854 来的 24V(TB10：5 端子)，找到该端子，发现 TB10：5 端子上线出来了一小段，造成信号的虚接，偶尔出现一次 24V 的中断。

重新接好后恢复正常，故障都消除了，观察几个小时，运转正常，进一步观察。

清除了 VFD 房所有柜子的尘土，做完清洁后查编码器线，查到一半的时候，井队要上提顶驱，中断检查，当时情况是本体的编码器的 A 和/A 通道短接，B 和/B 通道短接，VFD 房接线箱里挑开了电源线，编码器没电并且编码器处于旁通状态，此时认为编码器不会影响变频器，启动顶驱没有问题，结果开关打到使能位，转动顶驱的时候报 Delta2 DIB +15V FAULT，查看 2 号逆变器模块，发现 15V 和 5V 的指示灯是亮的，HEALTHY 灯灭，其他模块是 15V、5V 和 HEALTHY 灯都是亮的，复位后再启动依然报同样故障。停电后，将编码器线安装图纸恢复正常，编码器侧地线接壳体，屏蔽线接端子 3，柜子里的端子 3 接接线端子

（TB11：10，TB12：10），相当于整个编码器屏蔽是单点接地，送电后在 VFD 房接线箱内测量电压值：电源 15V，A/A 间 12.5V。B/B 间 12.5V。然后测试顶驱，在编码器模式下运转正常，在编码器旁通下运转正常。

编码器在没电、AB 通道短接的情况下，变频器依然报 Delta2 DIB +15V FAULT，进一步验证了该故障是编码器线路引起的。

编码器故障引起逆变器 Delta2 DIB +15V FAULT，逆变器上有 15V 指示灯，15V 是如何送到逆变器模块的？为什么只影响 delta2，而不影响其他模块？这几个问题在变频器的手册里没找到相关的内容，还得请大家继续深入研究。

经验总结：(1)Delta2 DIB +15V FAULT 是由于一、二开震动大造成的线路虚接，一、二、三开勤检查线路。

(2)逆变器的通信线红绿闪烁 是由于线路虚接造成，特别是搬家后应勤检查柜内的接线情况，以免有虚接的地方。

案例六十八　绞车电机编码器信号干扰问题案例

钻机型号：70DB

系统简介：西安宝德 2017 年 11 月制造，3 个整流柜，6 个逆变柜。

故障时间：2020 年 3 月 22 日

钻井工况：ABQQ-723 井下钻

故障现象：双电机下钻时 A 电机报 A31418：Encoder 1：Half the speed difference per sampling time exceeded。编码器 1：超出每个采样时间的速度差的 1/2。

原因分析：初步判定为 A 电机编码器损坏，更换新的后故障没有消失，更换 SMC30 故障依然存在。但此时 A 电机、B 电机分别单独使用正常。开始考虑信号干扰，检查屏蔽层连接良好。做 A 电机、B 电机电机编码器等电位，双电机使用半小时后报同样的故障。使用的型号为倍加福 RVI58X-011K1R61N-01024 的小型编码器抗干扰能力差，考虑编码器的选型，更换协议相同的倍加福 14-14361-1024 型。

处理方法：更换 14-14361-1024 型编码器后工作正常。

经验总结：(1) 绞车更换新电机后需要考虑电机对编码器的干扰问题。

(2)编码器的等电位连接对干扰信号有一定的消减作用。对于干扰较小的变频电机，有效的等电位连接可以更好地保证电机的正常运行。

案例六十九　CANRIG 顶驱无法进入触摸屏界面

钻机型号：ZJ70D

系统简介：高原钻机厂生产 ZJ70D 钻机，配套宝美生产的 ROSSHILL 1400 直流电驱动系统，4 台发电机柜，5 个直流柜。顶驱型号为 CANRIG 1250AC-681。

故障时间：2018 年 2 月 7 日

钻井工况：SFNY-728 井固井候凝。

故障现象：顶驱通电调试时，触摸屏出现多个报警，通信界面 CIP-CONSOLE-TOP DRIVE 两路通信显示红线。VFD 主断路器合不上闸，触摸屏出现很多不常见的报警，并且一直弹出新的报警(见图 3-90)。

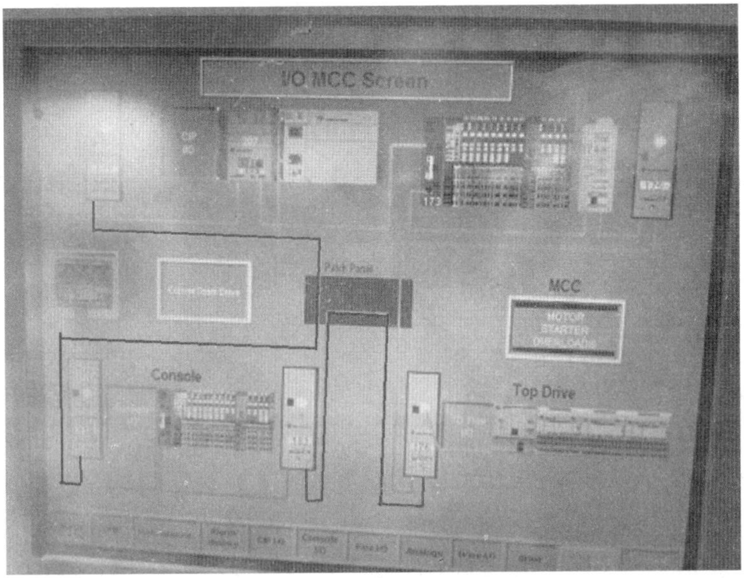

图 3-90　顶驱系统 HMI 界面

原因分析：重新插拔各光纤插头，导轨下端光纤接线箱打开检查，断电重启后触摸屏停留在初始界面无法进入。

检查司钻台 ETAP1 的 OK 灯显示红色，ETAP2 通信正常。本体 ETAP5 LINK1 灯亮，LINK2 灯不亮。CIP 柜 ETAP1 ETAP2 通信正常。由此分析 CIP 到司钻台和本体端两路通信正常，此时环形回路已经有两路连通，本应可以正常通信，不应该出现两路通信红线状态。

根据通信模块的显示状态，可以确定司钻台到本体的一路光纤不通。依次对比测试该路通信两端模块通信状态，ETAP5 LINK1 通信正常，将 LINK1 的光纤头接到 LINK2 上，LINK2 通信灯亮，说明 ETAP5 是好的。问题应出在司钻台显示红色灯的 ETAP1 上，而且 ETAP1 网线端口有一路到触摸屏，这也可以解释为什么触摸屏无法进入运行界面。因为不知道 ETAP1 OK 灯显示红色的含义，用对比排除法排查光纤出现问题的可能。将 ETAP1 的光纤插头接入显示正常的 ETAP2 上，ETAP2 通信正常，可以确定问题出在 ETAP1 模块本身。因该模块除了光纤和网线，就只剩下两根电源线，准备拆下模块重点检查电源线。在拆模块的过程中，电源插件脱落，重新插入后模块通信显示正常，OK 灯也由红变绿，触摸屏界面进入运行界面，重新调试一切正常。原因应是司钻台 ETAP1 电源插件在搬家过程中松动虚接。

回头来看，本次处理过程遇到存疑地方的误区在于，第一次通电后能进入触摸屏界面看到两条通信红线并伴随多个报警，变频器无法合闸，这时通信环形回路中有两路出现连接问题。之后在检查导轨光纤接线箱的过程中可能无意中将接触不好的一组光纤连接恢复正常了。这时环形回路中已经有两路连通，通信应该已正常连接，顶驱各项功能也应该可以正常动作。但是重启通电之后，触摸屏因为 ETAP1 的虚接问题无法进入运行界面，看不到报警和通信连接状态，误以为通信还是没有连上，进而没有做进一步测试验证。

经验总结：光纤通信模块 OK 灯红色状态重点检查电源线和插件，看是否有松动虚接或者测量电压看是否正常。

案例七十　顶驱编码器故障

顶驱型号：Canrig1250AC-681

故障时间：2020 年 4 月 29 日

钻井工况：ABQQ-165 井下钻

故障现象：顶驱下钻连接钻杆时旋扣功能不能正常使用，系统报警编码器故障。

原因分析：（1）检查顶驱本体编码器无机械损坏。

（2）检查本体编码器电缆及插头无破损和松脱。

（3）检查顶驱本体编码器至电控房的电缆连接可靠，无破损及插头松脱。

（4）用万用表检查编码器工作模块的工作电源正常，输出至编码器的反馈电压异常，电压不稳定波动值过大。初步判定为编码器故障。

（5）更换编码器后重新启动顶驱后系统编码器报警消除，试机顶驱旋扣功能恢复正常，故障正确排除。

经验总结：此次编码器报警故障无外部因素造成，为编码器自身损坏。

案例七十一　顶驱主开关不能自动合闸案例分析

顶驱型号：CANRIG1250AC-681

顶驱启动时间：2014 年 4 月

故障时间：2019 年 12 月 21 日

钻井工况：搬家完毕开钻前

故障现象：SCR 房电源送上以后，CIP 柜子开关合闸，主开关不能自动合闸，600V 主电源不能送到变频器。

原因分析：（1）检查相关继电器是否动作，各继电器已经动作；（2）检查电源是否已经达到相应电压；(3) 继电器 ABFR 触点 3 上有电，触点 4 上没电，怀疑触点坏，更换一备用触点后正常。

经验总结：(1) 首先检查开关合闸线圈，电源是否正常。

(2) 检查相关连继电器是否动作。

(3) 继电器动作后，检查各触点之间是否已经接通。

(4) 经常检查各继电器动作情况和触触点的链接情况。

3.4 发电机故障

案例七十二 CAT3512B 柴油机无法正常启动

钻机型号：70D

系统简介：兰石产 ZJ70D 钻机，配套宝美生产的 ROSSHILL 1400 直流电驱动系统，4 台发电机柜，5 个直流柜。

故障时间：2020 年 2 月 4 日

钻井工况：HWYH-88 井搬迁安装

故障现场：线上一台柴油发电机组正在正常运行，准备启动另外一台柴油发电机时，发现柴油发电机无法正常启动，只是在气马达的带动下空转而不爆发启动，试启动其余 2 台，发现同样的现象。

原因分析：因为有一台车已经上线正常运转，可以判断柴油发电机组油路没有问题。检查 HOC 电池，测量电池电压为 24V，测量 593-597 电压为 28V，检查发现 289 298 虚接，接好后恢复正常。

经验总结：由于长期搬家，沙漠路颠簸，容易造成线路虚接；另外，线路长期使用，出现氧化老化现象。

搬迁前发电机组运转正常，搬家安装后发现发电机组不能正常启动，先排除供油管路问题以及柴油罐滤芯等问题，如果还不能正常启动，考虑新信号线路是否出现虚接的情况。

案例七十三 CAT3512 起动马达控制气道堵塞

钻机型号：70D

系统简介：CAT 3512B 发电机组，额定功率为 1310 kW。

故障时间：2019 年 6 月 22 日

钻井工况：JLDI-735 井准备二开

故障现象：一开完成准备保养 2#发电机组，启动 1#发电机组时，所有启动发电机程序都已完成，当启动开关打到启动位置发动机没有启动动作。

原因分析：立即停机排查原因，首先检查 24V 电压是否正常，检查启动开关有无堵塞或损坏，气压是否达到启动气压值，启动时电磁阀有无动作，使用专用工具盘动启动马达是否有阻塞和卡滞现象。

处理方法：打开控制气管线检查气管线没有阻塞，仔细观察控制气管线一段与启动马达连接本体处气孔污物堵塞气孔，找来钢丝疏通效果不佳后又加入WD-40 浸泡 1h，随后反复用钢丝疏通，使用压缩空气反复吹，再测试气孔畅通，控制气管线安装复位重新启动发动机成功，故障排除。

经验总结：由于启动马达控制气道孔径非常小，时间久了容易污垢堵塞，建议每半年对控制管路进行检查、清洁、疏通一次。

案例七十四　CAT3512B 柴油发电机组励磁故障

发电机型号：CAT 3512 B

系统简介：CAT 3512B 型发电机组额定转速 1500r/min，额定功率 1200kW，额定电压 600V，额定频率 50Hz，发电机控制系统自动电压调节器 AVR 采用 BASLER(巴斯乐) DECS－100，发电机控制器采用 HEINZMANN(海茵兹曼) DGM01，同步通信装置采用 CAN-Repeater。

故障时间：2020 年 8 月 5 日

钻井工况：起钻

故障现象：启动 3#发电机高速运转后，输出电压在 400～650V 波动，3min 后电压基本稳定在 600V；上线并网后，线上 1#发电机功率明显增加，3#发电机出现逆功率现象。将 3#发电机下线后，其输出电压回落到 420V 左右，更换 DECS-100 后，第一次启动正常，输出电压 3min 后稳定在 600V，第二次启动，输出电压为 0。

原因分析：发电机励磁故障、旋转调压器故障均可引发此类故障。

处理办法：(1) 检查 DECS100 电压调节器，在发电机高速运转输出 600V 时，测量 DECS－100 的 F1、F2 端子，输出励磁电压为 32V(正常电压为 10～12V)。怀疑是 DECS-100 损坏。将 1#发电柜(网电进线柜)的 DECS-100 拆下更换在 3#发电机，启动发电机电压还是出现大范围波动，最后稳定在 600V 左右。连接电脑查看对比 3#、4#发电柜 DECS100 参数，参数一致。然后重启发电机，直至高速，观察输出电压为 0。

(2) 发电机励磁线圈充磁，3#发电柜面板“FIELD FLASHING ENABLE”按钮为发电机充磁按钮，但是不知道什么原因，“07”端子被拆掉，并用绝缘胶布包好。检查二极管 DF1 无损坏后，将“07”端子接好，并按“FIELD FLASHING ENABLE”给发电机充磁。充磁 10min 后，启动发电机，仍然没有电压输出，按下“FIELD FLASHING ENABLE”发电机电压升至 80V 左右后不再升高。

（3）检查更换旋转整流器，打开发电机外壳，观察整流器外观没有烧毁痕迹，更换整流模块，发现负极整流模块内部烧毁，将整流模块及电容全部更换后，启动发电机怠速，输出电压仍为0，按下“FIELD FLASHING ENABLE”，发电机电压升至420V左右，但24V保险突然熔断，DGM-01G、同步盒、指示灯等失电。更换24V保险，DGM-01G、同步盒、指示灯等得电，发电机提高速，电压1min后稳定在600V。“FIELD FLASHING ENABLE”按钮的“07”端子拆除的原因应该就是发电机在运转时，按下此按钮会烧24V保险。发电机高速运行10分钟后停机，隔日再次启动发电机，起励顺利，电压1min后稳定在600V。

经验总结：3#发电机一直存在负荷分配不均的现象，以至于很少起用，导致励磁剩磁不足。用网电期间要经常“跑车”，避免应急时因剩磁不足无法起动；旋转整流器属于易损件，现场至少要储备一套。

案例七十五　CAT3512B线束断路引起的故障报警

钻机型号：ZJ70DB

系统简介：4台CAT512B 1200kW发电机组

故障时间：2018年7月3日

钻井工况：HRML-34井起油管

故障现象：早晨巡回检查中发现3号柴油机报警灯闪烁，查看故障代码分别是：036.001.06喷油器短路；036.262.04模拟传感器电压不正常；036.279.02后冷却器温度不正常。

原因分析：倒发电机，停止3号车，根据故障指示分别打开1号缸紧固喷油器压盘，测量传感器电压，更换温度传感器，结果都很正常，启动3号车后观察，时不时地、断断续续地报这三种故障。初步怀疑柴油机震动导致线束短路，联想到柴油机大修过，是不是线束没固定好，断定柴油机长期震动导致线束破损而打铁对线束逐个检查，发现三处破损。对破损处包扎，并垫胶皮，重新固定。起车后一切正常。

经验总结：对大修的车，做好跟踪，根据报警提示，逐一排查判断，不能放过每个细节。

案例七十六 发电机　柜内控制变压器故障检修

钻机型号：ZJ70D

系统简介：高原公司2010年出厂，系统采用西安宝德生产的70D电控系统，主要由S7-300PLC、5个SCR柜（西门子6RA70直流调速），4个GEN柜（WOODWROD-2301E发电机并车调速）、供电柜等组成。

主发电机为4台1200kW的CAT3512B发电机组，辅发为400kW的威尔逊，泥浆泵为 2 台 800kW 串励直流电机作为动力，绞车为 2 台 800kW 串励直流电机，转盘为 1 台 800kW 直流电机，顶驱为北石 DQ-70BSF 型顶驱。

故障时间：2020 年 8 月 2 日

钻井工况：钻进

故障现象：SCR 房交流接地检测系统报 A、C 两相接地故障，柜内管状电阻发热严重。

原因分析：网电转换柜内有接地故障或电缆有接地故障。

处理方法：出现故障时，使用的是 2 号发电机和 4 号发电机并网发电。首先停掉 4 号发电机，故障依然存在；停掉 2 号发电机，用 4 号发电机供电，故障也依然存在；检查网电切换柜，也无接地情况。闻到 SCR 房的某个柜子有煳味，逐一打开柜子检查，发现 4 号发电机控制柜内煳味严重，进一步检查发现，柜内右下侧的 600 变 110V 的控制变压器有烧毁迹象(见图 3-91)。

停电后，测量该变压器的电阻，阻值为 0，初步判断其烧毁，更换新的变压器后，故障排除。顺着线路找到变压器的取电点，是从 600V 主断路器下端的铜排上，每相取的 600V 直接到该变压器，正好是 A、C 两相的细电缆线有老化、烧焦的迹象(见图 3-92)，随即对烧焦电缆进行更换，故障解除。该控制变压器早期也出现过类似故障两次，分析可能是产品质量问题，也与四川地区雨季周期长，气候潮湿导致电器原件的绝缘性能下降有关。

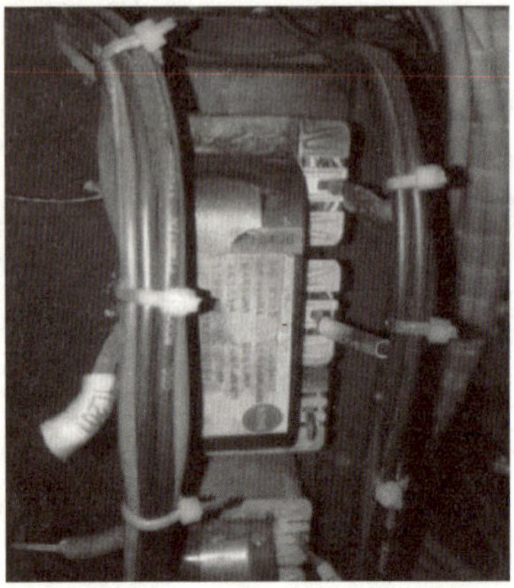

图 3-91　柜内损坏的变压器

图 3-92　柜内烧焦的电缆

经验总结：电气工程师平时要加强对电器设备的检查，特别是要熟悉自己所负责设备的薄弱环节，及时发现设备存在的安全隐患，同时 SCR 房内任何时期都要保证其干燥清洁，要保证空调和除湿机的正常运转。

案例七十七　三菱发电机超速故障排查

钻机型号： ZJ70D

系统简介： 配备 3 台三菱 S12R 发电机额定电压 600V，额定频率 50Hz，额定功率 1200kW，发电机控制系统为 ROSS HILL 交流发电机控制系统。

故障时间： 2020 年 9 月 4 日

钻井工况： 钻进作业

故障现象： 网电停电倒成发电机后，2#发电机运行超速，立即停车。

原因分析： 现场检查后判断 AC 模块损坏，造成执行器给定信号过高，柴油机执行器故障。

处理办法： 起车后检查执行器给定信号，发电机转速 1500 转时，电压 600V，用示波器测量 AC 模块执行器信号端子 533、545 的波形与 3#发电机执行器波型一致，运行一段时间后，发电机控制柜主断路器跳闸，发电机停机，在没有给停机信号时发电机停机，执行器损坏的可能性大。重新启动发电机，同样低速自动停机，由于电压过低，发电机励磁板无法工作，不能建立励磁；检查执行器，对比其他两台发电机执行器，这台执行器连杆动作不灵活，怀疑是电磁执行器的机械故障，司机长更换执行器后，发电机启动运转正常。

经验总结： 老旧设备在使用过程中，机械结构容易出现活动不灵活的通病，在设备故障排查过程中，要敢于转换思路，在确保电控系统工作正常的情况下，另辟蹊径，转换排查方向，避免走过多的弯路。

案例七十八 CAT 3512B 发电机超速故障处理

钻机型号： ZJ70D(兰石)2004 年产

系统简介： 现场配备 3 台型号为 3512A 发电机，额定功率 1200kW，柴油机额定转速 1500 转，额定电压 600V，控制模式为电调直喷(电动执行器驱动机械油门拉杆)，转速输入控制模式为脉冲宽度调制，调制信号为 0~5V 电压信号；1 台型号为 3512B 发电机，额定功率 1200kW，柴油机额定转速 1500 转，额定电压 600V，控制模式 ECM 电喷，转速输入控制模式为脉冲宽度调制，调制信号为 0~5V 电压信号；发电机控制系统为 ROSS HILL 交流发电机控制系统。

故障时间： 2020 年 9 月 15 日

钻井工况： 钻进

故障现象： 3512B 发电机启动后，无怠速，转速直升至 1600 转，AC 模块调制信号(测量 AC 模块端子 0545 和 0533)电压为 6. 05V，调节发电机控制柜上速度调节旋钮和电压调节旋钮无反应。

原因分析：初步判断为AC模块故障、发电机正时传感器故障或转速传感器故障。

处理办法：(1) 使用CAT发电机专用软件ET连接ECM进行检测，发电机无故障报警，各项参数设置正常；

(2) 对ECM进行断电记忆清除（ECM通电的情况下断掉电瓶供电，等待5min后重新上电），建议此步骤可进行2~3次；

(3) 连接woodward-2301A调速器测试发电机，发电机怠速(950转)及高速(1500转)运转正常，且运行平稳，测量油门调制信号电压怠速1.3V，高速1.6V；

(4) 拆掉2301，重新连接发电机控制柜，启动发电机后怠速1150转，油门调制信号(0545与0533)电压1.3V，运转3min后，将发电机上高速后转速1498转，油门调制信号(0545与0533)电压1.6V，与2301一致，调节发电机控制柜转速调节旋钮和电压调节旋钮均能控制，空载时也能与另外两台CAT3512A并机。

经验总结：经过与维修人员探讨，得出以下结论：

(1) 发电机ECM有记忆功能，在更换为与之前控制系统(woodword)不同的控制系统(罗斯海尔)后，需要多次断电复位ECM；

(2) 发电机转速控制线和执行器控制线多为断线后重新接连，长时间停用后再启用，要对这两根线的接头处拆开进行检查(接头处是否氧化，屏蔽是否接好)，同时做好布线，把这两根线之间分开距离，与动力线之间也要分开距离，防止干扰。

案例七十九　CAT3512B发电机游车故障处置

钻机型号：ZJ70D

系统简介：现场配备CAT3512B发电机组3台，额定转速1500r/min，额定电压600V，额定频率50Hz，额定功率1200kW，发电机控制系统为ROSSHILL调速并车控制系统。

故障时间：2019年10月

钻井工况：开钻前设备调试

故障现象：3号发电机组为新配套机组，在调试过程中出现怠速1000r/min运转正常，高速1500r/min出现游车状况，电压及频率波动较大，无法与其他机组并机运行。

原因分析：柴油机油门执行器故障或AC模块故障。

解决办法：(1) 连接ECM检测柴油机运行状态正常；

(2) 采用外置woodword2301A调速器测试发电机组工作正常，运行半个小时以上未出现游车现象，故障锁定在AC模块；

（3）咨询电控厂家维修人员后，得知正常情况下，AC 模块上的电阻 R58 的阻值为 130K 与 140K 并联，等效电阻为 68K 左右。一般情况下，AC 模块上的电阻 R58 的阻值控制 CAT3512 柴油机组时，对应阻值为 130K。控制 CAT3512B 柴油机组时，对应阻值为 68K 即可。如果出现游车现象，可按以下步骤调试校准：

（1）去掉电阻 R58 上并联的 140K 电阻。

（2）将可调电位器阻值调至最大，即顺时针旋转到底（可调电位器阻值一般最好大于 470K）。

（3）将可调电位器与 R58（130K）电阻并联连接。

（4）启动柴油发电机组，此时，柴油发电机组应平稳运行。（电阻越大，运行越平稳）。否则，检查柴油机组。

（5）逆时针方向缓慢减少可调电位器阻值，同时注意机组运行声音，直到柴油发电机组出现微微游车，然后顺时针缓慢旋转可变电位器，直到游车消失。

（6）待稳定几分钟后，加/卸少量负载，机组控制正常后，停车。将电位器取下，测量可调电位器阻值，在 R58 电阻并联等效电阻即可。

（7）进行重新试车，起车—加载—卸载—停车，完成所有工作。

按步骤更换阻值合适的电阻后，故障解除。

经验总结：ROSSHILL 发电机控制系统为模拟信号控制，AC 模块中以各种阻值的电阻来实现某项功能，控制精度较差，有时会因为电阻发热出现各种问题。现场更换设备后要对新配套设备进行追根溯源，掌握该设备的使用、维修、保养情况，才能避免调试过程中出现故障。

案例八十　CAT3512B 发电机游车故障处置

钻机型号：ZJ1200DB

故障时间：2011 年 11 月

钻井工况：起钻

故障现象：2011 年 11 月 2 日维修柴油总进油管路滤清器，维修过程需停车 3 小时，所有电控系统全部断电。维修完毕后重新上电发现 PLC 报外部故障，同时 1#VFD 房内 YLIK 出现故障。

1#PLC 的 CPU 模块与 2#PLC 的 CPU 模块同时报 EXTF 故障（CPU 型号：414-4HJ04-0AB0）；1#PLC 的 CP 模块与 2#PLC 的 CP 模块也同时报 EXTF 故障（CP 型号：443-5DX04-0XE0）；1#VFD 房内两路 YLINK 同时报故障，其中激活的一路报 SF（常亮）与 BF2（闪亮），另外备用一路报 SF（常亮）。

YLINK 型号为 6ES7 153-2BA81-0XB0。

原因分析：PLC 通信故障或 YLINK 故障。

处理方法：（1）重新拷贝 2010 年 7 月 30 日程序进入两台 PLC 的 CF 卡内，冷启动 PLC 使其加载 CF 卡内程序，发现故障依旧。

（2）将三座 VFD 房内连接在两部 CP 之下的 BUS 头全部断开，给 CP 回路断电，测量回路通断。得到如下结果：

在两台 PLC 的 CP 端量取 BUS 头 3-8 针脚，阻值均为 111Ω，（CP 下挂接两部终端，阻值正常）；在 CP 端拔出两路 BUS 线，分别量取 BUS 线的红、绿线阻值均为 220Ω（每路 BUS 线挂接一个终端，阻值正常）；量取 3#VFD 房 YLINK 的两路 BUS 头的 3-8 针脚，阻值均为 220Ω，（挂接一个终端，阻值正常）；量取 2# VFD 房 YLINK 的两路 BUS 头的 3-8 针脚，阻值均为 220Ω，（挂接一个终端，阻值正常）；量取 1#VFD 房内 YLINK 两路 BUS 头的 3-8 针脚，阻值为 220Ω，（挂接一个终端，阻值正常）；同时还单独拆掉 BUS 头，并且将终端电阻投入的情况下量了连接于 CP 及 1#VFD 房子两个 BUS 头，均正常。

由上述可判断 CP 回路线路没有问题。

（3）在 1#VFD 房内将报警的两块 YLINK 更换新的模块，故障依旧。

（4）仔细查找 1#VFD 房内 YLINK 挂接设备，在终端发现发电机协议转换器工作不正常，24V 电源针脚虚接。重新连接协议转换器之后，重新启动 YLINK，故障解除，PLC 端外部故障解除。

至此故障完全消除，将 PLC 内运行程序更换为最新版本存储入 CF 卡内，维修结束。

经验总结：现场所使用的 12000m 钻机为国内最先进型号，其电控系统配备的变频器系统以及 PLC 系统均是国内最新，构成较为复杂，维修时对电气工程师的素质要求比较高，建议组织厂家相关人员住井对现场操作人员和电气师进行深度培训。

案例八十一　MTU 发电机不发电故障检修

钻机型号：ZJ70DB

系统简介：高原公司 2012 年出厂，系统采用西安睿科生产的 70DB 电控系统，主要由西门子 S120 变频器、S7300CPU、CU320、AOP30、ET200 通信模块、电机模块等组成。

主发电机为 4 台 1310kW 的 MTU 发电机组，辅发为 400kW 的 VOLVO，泥浆泵为恒信 1200kW 交流变频电机作为动力，绞车为 2 台 800kW 交流变频电机，转盘为 1 台 600kW 交流变频电机，顶驱为景宏 70 型顶驱。

故障时间：2016 年 2 月 14 日

钻井工况：二开钻井

故障现象： 1 号发电机停机，报故障“机组低分闸冷却”。

原因分析： 经过倒换 AVR 调节板、IGNT 控制模块、发电机本体的电压调节器，试验证明这些元件是完好的。

与厂家的工程师沟通后，打开发电机后端盖，拆下 6 个整流二极管，发现其中一个的参数与其他 5 个有较大差异。具体是：6 个二极管的正向电阻值为 60 千欧，其余 5 个的反向阻值为 10 兆欧，差异大的反向电阻为 4 兆欧，初步怀疑该二极管有问题。将 4 号车的一个相同的二极管调换到 1 号车，启车后，故障仍然存在。

2 月 16 日，4 号发电机正常使用过程中停机，也报故障“机组低分闸冷却”。

打开发电机后端盖，拆下 6 个整流二极管，经测量，全部二极管无损坏。

拆下 1 号车和 4 号车侧面的电压调节模块的 E1、E2 两根线，测量其电阻为 8MΩ 左右，拆下没有问题的 3 号车侧面的电压调节模块的 E1、E2 两根线，测量其电阻为 20Ω；据此现象初步判断是励磁机损坏(E1，E2 两根线是连接到发电机内的励磁机的)。

经与东营瑞兴的发电机维修工程师请教沟通后，初步确定是励磁线圈中的其中一个或两个坏了。

处理办法： 现场拆下 4 号发电机后端盖，拔出发电机定子线圈，发现内部有铜锈、有断点，从外面买到漆包线后，将其中一个有损坏的线圈取出，用新的漆包线缠绕好后，测量整个线圈的电阻值，约为 21Ω，表示已修复正常。接着试车，发电机恢复正常运行。

将 1 号发电机按照 4 号发电机同样的方法取出定子线圈，也同样发现其中一个线包有铜锈及断点，考虑到现场自己缠绕线圈操作难度大，且费时耗力，将断点处焊接好，并做好绝缘处理，测量整个线圈的电阻值约为 20. 3Ω。试车，发电机恢复正常运行。

经验总结： 该套设备在未出国前，一直在胜利油田东部的桩西地区施工，紧邻大海，气候非常潮湿，且长期使用网电施工，发电机几乎一直处于停机状态，内部线圈可能长期受潮，导致产生了铜锈，线圈有断点。建议在气候潮湿区域施工的队伍务必配备除湿器，在发电机不运转的时候，做好除湿工作，要定期、定时开机跑车。

案例八十二　CAT 3412 发电机无电压输出的原因与处置

钻机型号： ZJ50LDB

系统简介： 由宝鸡 2010 年 6 月制造，动力配备 4 台 CAT3412 发电机组，额定转速 1500r/min，额定功率 500kW，发电机控制系统采用 WOODWARD EASY-GEN-3200-5 并车控制器。

故障时间：2015 年 10 月 3 日

钻井工况：二开钻进

故障现象：两台 CAT3412 发电机组并车运行中，2 号发电机控制柜主断路器突然跳闸，全井场停电，随即检查两台发电机组，单机运行正常，1 号发电机控制柜显示各项参数正常，2 发电机控制柜显示电压为零，经查 2 号 CAT 3412 发电机组的柴油机运行正常，但无输出电压。电气工程师先后更换了该发电机的 VR6 调压板和励磁机的旋转整流器，但仍未解决 2 号发电机组无输出电压的故障。

原因分析：发电机组无输出电压属于多因一果的故障，涉及因素较多，主要围绕励磁系统查找故障点的思路来分析。CAT 3412 发电机组可通过 WOODWARD EASYGEN-3200-5 并车控制屏控制并车、解列、转速(频率)、电压、有功无功分配及电瓶充电等功能，也可通过机组上改制、加装的切换开关恢复为单机发电，使用发电机组自带的 CATEMCP Ⅱ 电控装置独立运行发电。通过现场恢复单机运行，2 号发电机组发电运行正常，排除发电机组故障；通过互换 1 号、2 号并车柜 WOODWARD EASYGEN-3200-5 并车控制模块，确认两套并车柜无任何故障，所以判断故障点在发电机与并车控制柜的连接线路上，经测量 2 号发电机组 VR6 调压板 2 号、3 号线与 VFD 房内的 2 号并车控制柜内的 WOODWARD EASYGEN-3200-5 并车模块 15 号、16 号线断路，由此判断连接 VFD 房与发电机组间的 15 芯控制电缆内部断芯引发此故障。

处理办法：利用 15 芯控制电缆内的备用芯线替换两根断芯线。故障于当天处理完毕，2 号发电机组启运后与 1 号发电机组并车运行正常。

经验总结：在故障排查过程中，现场维修人员要思路清晰，分步排查，除去常规原因，还需要考虑电缆连接短路问题。

案例八十三　元坝 701 井三号发电机失磁故障描述

钻机型号：ZJ70DB

系统简介：四川宏华 2008 年 3 月制造，动力系统配备 4 台三菱 BY-FR656 型发电机组，额定转速 1500r/min，额定功率 1000kW，额定频率 50Hz，电控系统配备 4 个发电机控制柜，均采用 WOODWORD 2301A 型控制器，配备 ABB-ACS800 变频器多传系统，配备 2 组 2720kVA 整流柜，5 组 1740kVA 逆变柜，2 组 1160kVA 斩波器柜。

故障时间：2019 年 2 月 4 日

施工工况：元坝 701 井三开划眼作业

故障现象：作业期间使用 3#、4#发电机并网使用。运行至下午 17：00 时左右两台发电机组控制柜断路器跳闸，发电机停机，井场失去动力。重新启动发电机后发现3#发电机在Rated模式下无励磁电压，发电机无法建立磁场无法发电。后经过排查发现三号发电机励磁机线圈扫膛，旋转整流器损坏(见图3-93、图3-94)。

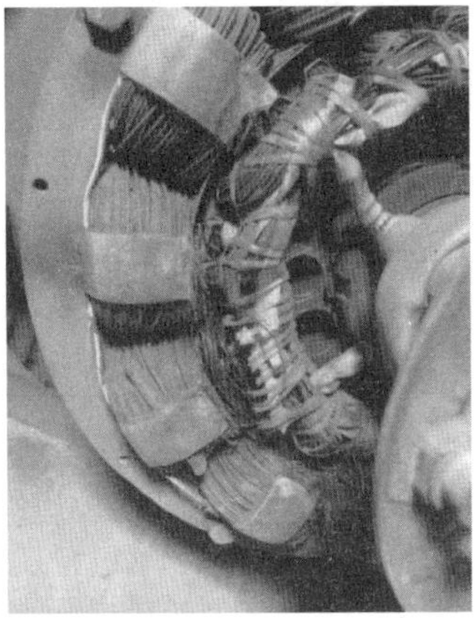

图3-93　励磁机线圈扫躺

图3-94　旋转整流子

原因分析： 70112队在施工元坝701前连续施工5口EOG公司角字号井，期间一直使用发电机为动力源。钻进期间3台泥浆泵同时运转，总泵冲大约300冲/分。需要同时运转3台发电机满足工况。期间发现三号发电机有不同于另3台车的震动，是一种高频震动。当时柴油机及发电机各参数都正常未意识到轴承可能存在问题。施工元坝701井也是三台泵同时运行，70112队VFD房无网电专用接口，网电是接在1#、2#发电机接口，3#、4#接发电机备用。网电已接好但还没通电，所以使用的是3#、4#两台发电机，每机有功功率大约800kW左右，无功功率200kVA左右。在负荷比较大情况下转子受磁场力的作用更加明显，出现机轴的扰度过大造成励磁机线圈扫膛。

处理办法： 更换3#发电机励磁机和旋转整流子。

经验总结： 定期检查旋转整流部位，对异常响声或震动做好维修计划。

案例八十四　顶驱盘刹动作不连续故障

钻机型号： ZJ70D

系统介绍： 顶部驱动装置型号DQ70BS-JH由大庆景宏公司2019年10月制造，配备2台额定功率365kW交流变频电机，配备HP-50管子处理器，电控系统为ABB-ACS800系列单传变频器构成。

故障时间： 2020年6月7日

钻井工况： 定向钻进作业

故障现象： 顶驱盘刹工作不正常，定向钻进时工具面不好摆。

原因分析：(1) 起钻至套管内检修顶驱盘刹，刹车钳动作不连续，怀疑油路不畅；

(2) 检查顶驱房内控制盘刹的中间继电器工作正常；

(3) 检查顶驱本体站发现电磁阀对应的电压(24V)正常，后用细杆螺丝刀手动点动盘刹阀芯未动(力度不大)。判断液压油不干净，阀芯阻卡。

(4) 工长开始拆卸阀岛组并把盘刹阀拆下清洗，未发现问题。

(5) 故障判断方向错误，重新寻找问题。将盘刹控制和液动旋塞倒换，液动旋塞动作正常，从而确定盘刹电磁阀电磁铁损坏。

(6) 自制工具将电磁铁从阀体上拆下来，发现里面全是水，电磁铁接线插针锈蚀断了。

处理办法：(1)重新焊接接线插针，插入阀芯，用开关电源实验正常。

(2) 配合工长将阀岛复位，启动顶驱测试，刹车工作正常。

经验总结：由于平时对电磁阀内部结构及工作原理不熟悉，导致电磁阀出现故障后不能准确判断故障点，本次电磁铁故障确实很意外，容易被忽略，现场设备管理人员要吸取经验教训，维修时时刻保持头脑清醒，不放过任何可能性，少走弯路，快、稳、准地发现故障点并及时修复。

案例八十五　发电机频率波动原因排查

钻机型号：ZJ70D

系统简介：东营汉德 2018 年 8 月制造，系统为 ROSS HILL 控制系统，配备 4 个发电机控制柜，5 个直流调速柜，DC 控制模块额定电流分别是绞车、转盘 800A，泥浆泵 1600A，晶闸管容量为 2000A，动力端配备 4 台 CAT 3512B 型发电机组，单台功率 1200kW。

故障时间：2020 年 4 月 13 日

钻井工况：起下钻作业

故障现象：2 号发电机组单车在线运行，突然间发电机控制柜的主断路器跳闸，而柴油机还在运行。

原因分析：2 号发电机组停车，开启另一台上线运行，等待 10 分钟与司机长把出问题的发电机组正常启动，不要上线，观察运行情况。

发电机组启动正常后，把指配开关打到该发电机组上，观察同步盒频率和电压，发现频率表出现摆动。AC 控制模块具有过压、欠频、过频、脉冲丢失、逆功等保护功能，根据故障现象分析本次故障是欠频或过频导致的跳闸。

处理办法：(1) 先更换 AC 控制模块。更换完毕再次上电测试，发现频率抖动有所改善，但是还会出现，说明问题没在这里。

(2) 停机后打开 2 号柴油机控制箱，发现脉冲模块接线已经断了，虚搭在上面，重新连接后开机测试恢复正常(见图 3-95)。

经验结论： 发电机运行期间振动较大，容易造成端子排上的端子松脱后虚接，不利于现场排查。

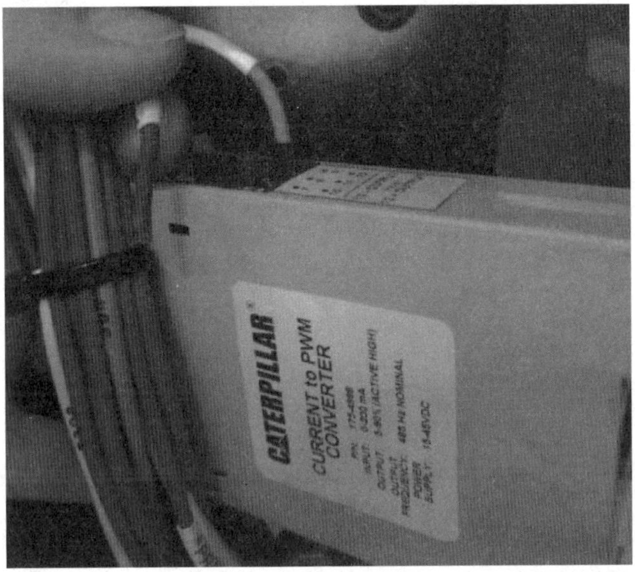

图 3-95　PWM 脉冲模块断线

案例八十六 CAT3512B 发电机游车故障检修

钻机型号： ZJ70D

系统简介： 宝石公司 2009 年出厂，系统采用西安宝美生产的 70D 电控系统，主要由西门子 S7-300PLC、5 套 SCR 柜、4 套 GEN 柜、MCC 柜等组成。

主发电机为 4 台 CAT3512B 发电机组，额定功率 1200kW，额定转速 1500r/min，额定电压 600V，额定频率 50Hz，辅发为 400kW 的 VOLVO 发电机，泥浆泵为 2 台永济 800kW 直流电机作为动力，绞车为 2 台 800kW 直流电机，转盘为 1 台 800kW 直流电机，顶驱为 VARCO-11SA 型顶驱。

故障时间： 2018 年 7 月 15 日

钻井工况： 三开钻进作业

故障现象： 3 号 CAT 发电机组在带负荷的情况下，偶尔出现游车现象，并报 190. 08 故障，此故障为正时速度传感器信号异常，偶尔也有下线怠速的也会出现游车现象。

原因分析： 为了排除 AC 模块的问题，把 2 号和 3 号控制柜的交流模块更换，2 号车运转正常，3 号车偶尔游车的现象依旧(见图 3-96)。

根据报 190.08 故障，判断有可能是正时速度传感器的问题，更换正时速度传感器并校正后，清理正时盘处的油泥，之后问题依然存在(见图 3-97)。

图 3-96　交流模块

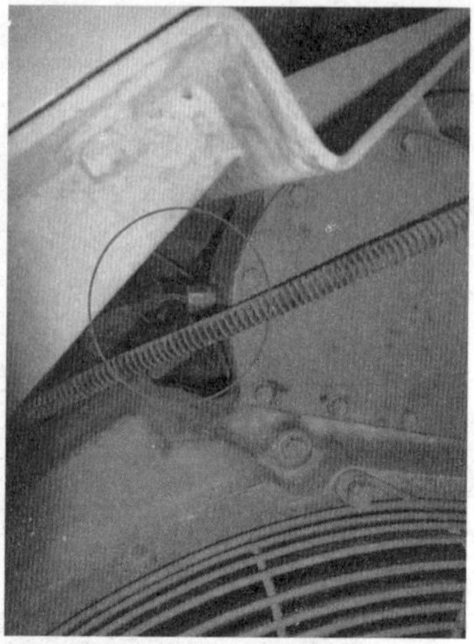

图 3-97　正时速度传感器安装位置

咨询厂家服务人员怀疑 PWM 转换模块故障导致游车，把 1 号和 3 号机组的 PWM 信号转换模块交换后，问题还是存在(见图 3-98)。

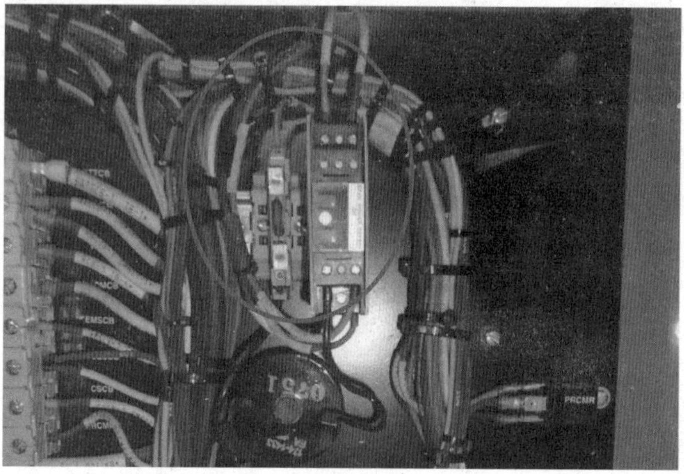

图 3-98　PWM 信号转换模块

转换思路开始检查线路，对油门线路重新检查并未发现异常，24V 电源线路在 CAT 接线盒处有一根线发黑，打开接线盒后里面接线柱生锈严重(见图 3-99)，怀疑是因为电源线对地绝缘性变差导致线路烧黑。清理并重新接线，并且又更换了一个速度传感器，以为问题解决了，连续运转有三天后，又出现了同样的问题（见图 3-100）。目标锁定在稳定线圈。

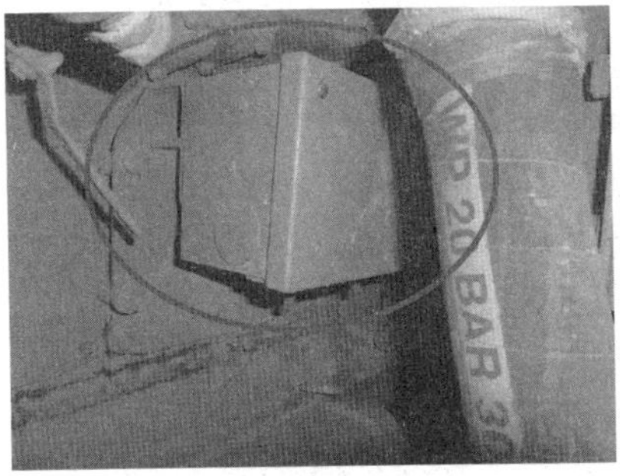

图 3-99　CAT 发电机 24V 接线盒内部锈蚀严重

图 3-100　速度传感器

处理办法：更换卡特本体控制盒里的稳流线圈后，3 号机组长时间运转，再未发生游车现象（见图 3-101）。

图 3-101　油门信号的稳流线圈

经验总结：（1）在使用过程中线圈质量可能出现问题，导致故障发生。

（2）由于这样的问题是比较少见的，所以在处理的过程中，使用替代排除法来找到问题所在。

案例八十七　VOLVO 发电机自动熄火故障处理

钻机型号：ZJ70D

系统简介：沃尔沃柴油发电机由 VOLVO 公司 2010 年制造，发电机型号为 315L-400N，额定功率 400kW，额定转速 1500r/min。额定电压 400V（见图 3-102）。

故障时间：2018 年 9 月 5 日

钻井工况：钻进作业

故障现象：2 号发电机在使用过程中，连续几天到凌晨 2 点钟左右突然熄

图 3-102　Volvo 发电机

火，重新启车后正常运转，到后来启车后怠速正常，打到高速后直接熄火，速度信号指示灯亮起；关钥匙再启动，还是怠速正常，高速熄火。

原因分析：开始分析可能油路供油不畅通，更换柴油滤芯，通油管线，问题还是没有解决。高速直接熄火，怀疑电路有问题，先是更换启动钥匙，故障依旧。

根据启动钥匙电路图 13 端口、14 端口为速度信号输入端，电压为 C 相与 N 相的线电压，图纸上有无速度反馈的接线模式，把 13 端口、14 端口接线拔掉后，启动发电机，怠速和高速都正常，由此怀疑是速度信号输入有问题（见图 3-103、图 3-104）。

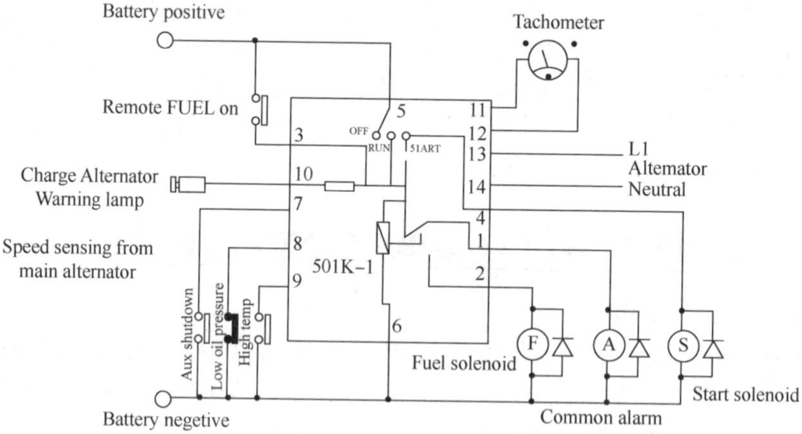

图 3-103　启动钥匙电路图

查找线路，最后发现一路空开上端接线端子碱坏，接触不良，导致速度输入信号不正常(见图 3-105)。

图 3-104　启动钥匙后板

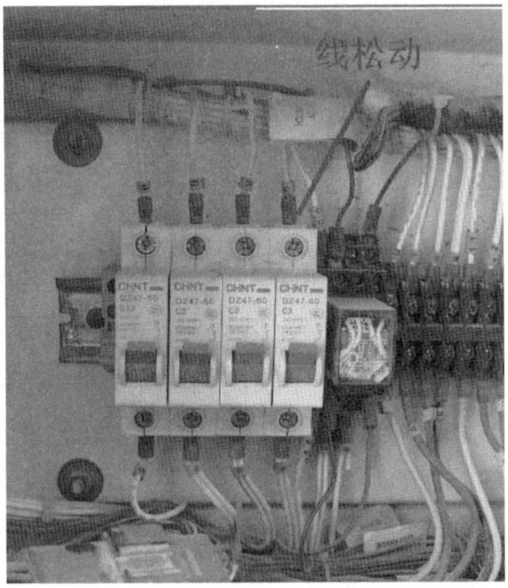

图 3-105　速度输入信号线入空开端子腐蚀

处理办法：重新更换端子连接，启动恢复正常。

经验总结：(1) 这台沃尔沃发电机已经使用有 8 年的时间，设备比较老，运转过程中震动比较大，难免会有部分线头松动，碱坏锈蚀，这是造成此故障的根本原因。

(2) 在今后使用过程中，建议定期检查线头紧固情况，防止线头松动，产生一些不可预知的问题。

案例八十八　发电机 DGM 模块故障案例分析

钻机型号：70DB

系统简介：西门子 2006 年制造，4 台卡特 3512B 发电机组，发电机组控制柜由 DECS100 和 海茵茨曼 DGM-01 组成。

故障时间：2019 年 9 月 14 日

钻井工况：GHNH-9 井钢丝作业。

故障现象：从 HWTH-49 井搬迁到 GHNH-9 井后，启动发电机试车，在启动 3 号发电机时，高速运转至 1100 转之后，无法提高。

原因分析及处理过程：检查油门控制线，发现断了一根线。重新焊接之后，重启发电机，高速运转故障未消除。测量发电机控制线电阻为 33Ω，正常。测量电压(正常是从 DGM 输出电压，未接 PWM 模块时为 22V，接 PWM 模块时为

5V)，更换新 PWM 模块，故障未消除，测量 24V 供电正常。

经分析线路，发现问题只剩下 DGM 模块，更换新 DCM 模块之后，重启发电机，高速运转正常，故障消除。

但在并车后，其他发电机柜通信指示灯亮，显示 3 号车未在线，更改 DGM 模块的地址码后，故障消除，到此，此故障完全消除。

经验总结：日常搬迁过程中，由于拆卸过程中的操作，可能造成电缆在插件内部断线或脱焊断开而未被发现，进而造成设备损坏。

案例八十九　更换大修发电机后无法正常运转

钻机型号：ZJ70DB

系统简介：西门子 2006 年制造，4 台卡特 3512B 发电机组。

故障时间：2020 年 7 月 10 日

钻井工况：HWTH-67 井定向钻进。

故障现象：1#发电机组到达大修时间，更换到井新发电机组，但起动时转速只有 120 转，无法起动。

原因分析及处理过程：判断可能是油路中有空气。排空油管线 1 小时，转速上升到 140 转，但柴油机无冒烟，无法起动。检查调速器电压正常，换原车调速器仍无法起动。怀疑新到井发电机组与原车控制箱不同，更换后，重启，故障未消除。继续排空，起动转速上升到 170 转，但仍无烟，无法起动。判断为供油系统不上油，经咨询发现，新车 ECM 模块内部程序与原车不一样(之前一直以为 ECM 都是相同的)，倒换 ECM 模块后，柴油机起动正常。

经验总结：不同队伍的柴油机组 ECM 模块可能不同，在更换别的队伍的柴油机组时，需要考虑 ECM 的影响。

案例九十　卡特 3512B 燃油系统压力低故障

钻机型号：ZJ80

系统简介：3 号 CAT3512B 发电机，出厂日期 2007 年，2020 年转入沙特非常规气井项目。

故障时间：2020 年 6 月 12 日

钻井工况：HMYM-332014 井新钻机配套，做带载试运转。

故障现象：燃油系统压力低，接近红色区域。

原因分析：3 号车正值到达保养周期，起车预热柴油机，发现柴油系统压力低，对柴油机进行常规保养(机油，机滤，柴滤，空滤)并检查分析，换下来的柴滤并不脏。换完柴油滤芯后，进行常规的燃油系统泵油排空项点，发现手动泵油器不好用，换新后现场多次启动无果(此车在基地维修上井前，已经换过一个手动泵油器，咨询当时的维修人员，一天的时间也没启动着这台柴油机，难启动、难上油）。首先检查该车的一寸供油管线，拧开后出油畅通正常，怀疑输油泵或回油单向阀会有问题，因现场无备件，此时要求 4 辆车全开着测试带载情况，别的车也无法拆换排除。首先把回油管线上的闸门关掉，来排除回油单向阀的问题，继续起车，无法建立输油系统压力，多次尝试依然无法启动，从机械角度只能更换输油泵（在更换输油泵的同时，电控方面，电气师把 3 号 4 号的发电机控制箱内的 PWM 模块互换，更换后 4 号柴油机启动、加载都正常，排除模块问题）。拆邻队在用的柴油机上的输油泵换上，排空，起车成功，输油系统压力恢复正常（邻队将该队换下的 3 号车的输油泵，复装到他们的车上，启动后，一分钟熄火停车，更加肯定了故障点所在）。

经验总结：常规备件一定要充足，有利于故障的判断排除。故障判断还是遵循由外到内，由简到繁，逐步排除推进的方法。

对于刚接手的设备要进行全面摸排，掌握其秉性，就此案例来讲，输油泵，属于不易损件，最多油封有问题，可能该柴油机出厂 13 年来，多次存放，油质脏储，保养不善，从未更换，所以问题凸显。应从机械、电气多方面入手，更容易快速排除问题。

案例九十一　1#车正常工作，其他三台车不能启动

钻机型号：70DB

系统简介：西安锐科 2012 年 7 月制造，系统为 S120，配 4 台 3512B 电机组。

故障时间：2019 年 7 月 15 日

钻井工况：ABHD-122 井小修

故障现象：井队刚搬完家，7 月 13 日起井架时，用的 1#和 2#卡特发电机，起井架完成后停 2#车，1#车正常运转。7 月 15 日上午准备启动 3#车，起不来。然后分别启动 2#和 4#车，也起不来。

原因分析：经分析可能存在三个方面的原因：

（1）2301D 有问题，但三台车的 2301D 同时出问题的可能性很小。

（2）三台车的油路有问题，但是 2#车的油路问题基本可以排除，因为起井架时用的 1#和 2#车。

（3）急停问题，两路总急停和每台车的急停问题。

处理方法：开始逐项检查排除，首先检查油路问题，经检查，每台车的油路和总油路都正常，可以排除油路问题。其次，检查测量每台车 2301D 的下列部位：①油门执行器的 13、14 脚，当启动车时，电压均有变化；②速度反馈的 25 脚、26 脚，拔下 25 脚，测量 25 脚和 26 脚间电阻，阻值在 160Ω 左右；③30 脚和“-”间的电压为 24V，此项也可排除掉。最后检查急停问题，经检查发现，中

方办公室到 VFD 房之间的急停电缆，在靠近办公室外有一处，电缆胶皮被挤破，内部两根电缆同时搭在屏蔽线上造成短路，而此急停开关用的是常开触点，因此，原因查到，将此处短路问题妥善处理后，2#、3#、4#车均能正常启动。

经验总结：

(1) 四台车其中的一台车能够正常运转，而另外三台车无法正常启动，将思路引入一个误区，没考虑急停的问题。从而走了不少弯路，包括检查 2301D、检查房体间连接线以及房体到发电机间的连接线和检查油路。

(2) 搬家安装时工作要仔细认真，特别是容易造成电缆挤压或者折弯严重处，一定要提前做好防范措施。经过过车桥内的信号电缆和网线，尽量放置在粗电缆和管线的下面。

(3) 处理问题时应该多角度地考虑，不能局限于单方面。

(4) 总急停出现问题，每台车都应该不能正常工作，而1#车为什么能够正常工作呢？希望在以后的工作中能够找到答案。

案例九十二　威尔逊发电机无故障显示停机

钻机型号：ZJ70DZ

系统简介：上海中曼产 ZJ70D 加强型钻机，仁丘博科生产的液压盘系统。电控系统为东营汉德制造，5 个直流调速柜，可控硅容量为 2000A。配套 3 台威尔逊 P625-3 发电机组给井场营房和主营地供电。

故障时间：2020 年 5 月 16 日

钻井工况：RMTN-12 井试油

故障现象：威尔逊发电机为井场营房供电时，每运行 6~8h 后便出现停机故障，查询历史记录没有任何故障显示。再次启动又能正常上线运行，但 6~8h 后故障重复。

原因分析：起初怀疑是柴滤、机滤有污堵，但是这种停机显示面板上应该是会有故障记录显示的，抱着试一试的态度将所有滤芯更换成新的。开机运行之后仍然出现该问题。最后，通过沙特当地维修威尔逊发电机工作人员上井检测，用专门的电脑软件、适配器连接发电机 ECM(engine control module)查阅，确定是各路传感器或线路接触不良致使发电机停机。这种情况大多发生在机油压力传感器上，该传感器是通过电流信号来采集和反馈机体机油压力的。当发电机动力部分加减负荷时，由于传感器连接处接触不良电流较大导致线路短路，引起发电机停机。线路电流短路属于瞬间发生，控制柜采集不到显示不出来，只有电脑连接 ECM 才能发现(见图 3-106)。

处理方法：更换发电机左路一侧所有传感器(机油、柴温等)线路和连接插

图 3-106　威尔逊发电机结构

头，并将每个传感器的插口处清理了一遍以保证其接触良好无虚接。完成后发电机上线测试，运转良好，停机现象再无出现，故障排除。在此对威尔逊发电机机体的各路传感器和线路作了简单的统计和标注，方便大家了解。

经验总结：此次故障案例，为今后排查威尔逊发电机停机故障指引了方向。笔者将威尔逊发电机的大部分电气故障点和解决排除的办法重新梳理了一遍，做了电气方面的故障排查分析表，以供大家参考学习批评指正(见表 3-2)。

表 3-2　发电机电气故障处理方法

电气方面故障的检查和处理方法			
故障现象	检查方法	检查结果	故障原因
在起动或空载时无电压产生	使用 4～12V 的直流电源接于 AVR 的 E+和 E-端 2～3s	直流电源断开后电压便建立且电压值准确	剩磁太少； 熔丝熔断或接触不良
		直流电源断开后电压建立但电压太低	检查 AVR 电压传感导线； 旋转二极管损坏；转子线圈上短路
		电压建立但在直流电源断开后消失	AVR 故障； 励磁绕组短路或断路（检查绕组）；主绕组断路(检查电阻值)
电压值低	检查柴油机转速	转速准确	检查 AVR 接线； 励磁绕组短路； 旋转二极管击穿； 主转子线圈短路
		转速低	增加柴油机转速
电压值高	调节 AVR 中电压调节电位计	调节无效果	AVR 故障
电压波动	调节 AVR 上的稳态调节电位计	如果调节无效，变换 normal/rapid 操作模式（通过 AVR 上的 ST2 项）	检查转速(可能转速稳定性差)； 接线松脱；AVR 故障； 空载下转速低于额定值
空载运行时电压正常但带载后降低	带载运行，检查 AVR 上的 E+和 E-两极间电压	E+和 E-间电压值（DC）：SHUNT < 6V，AREP/PMG<10V	检查转速
		E+和 E-间电压值（DC）：SHUNT > 10V，AREP/PMG>15V	旋转二极管损坏； 主线圈短路(检查电阻值)； 励磁电枢故障(检查电阻值)
在正常操作中电压突然变得很低	检查 AVR，整流器，旋转二极管并更换损坏元件	输出电压没有恢复到额定值	励磁线圈断路； 励磁电枢故障； AVR 故障；主转子线圈短路或短路

续表

机组动转后发电机不能发电的故障现象、故障原因和排除方法		
故障现象	故障原因	排除方法
机组运转后发电机无输出电压或很低	发电机铁心剩磁消失或太弱	对发电机进行充磁处理
	励磁回路接线错误	励磁回路接线错误，查找后予以纠正
	励磁回路电路不通； 旋转整流器直流侧电路中断	用欧姆表查找励磁回路断线处予以接通
	交流励磁机故障无输出电压	维修或更换励磁机
	发电机励磁绕组断线或接地，造成发电机无励磁电流或励磁电流极少	检查绕组对地绝缘，找出接地点和断线点，予以修复

机组运转后发电机不能发电的故障现象、故障原因和排除方法		
故障现象	故障原因	排除方法
发电机起动后，满载运行约 4 ~ 6h，温升超过额定值	电气方面的原因： 发电机输出电压高过额定值； 机组在低于额定转速下运行； 发电机负载的功率因数较低； 发电机过载运行； 励磁绕组匝间短路或接地。 机械方面的原因： 发电机装配不良，轴承润滑油脂牌号不对； 轴承与转轴配合太松，运行时摩擦发热； 轴承室润滑油脂装得太满； 机房内通风不足	 减少输出电压和调整三相负载平衡； 提高转速到额定值； 设法予以补偿； 减少负载； 停机检查励磁绕组。 使用发电机规定牌号的润滑脂； 更换过小的转轴或同型号的轴承； 清除多余油脂； 增加机房通风

发电机输出电压时大时小不稳定时的故障现象、故障原因和排除方法		
故障现象	故障原因	排除方法
发电机在空载或者超载时，输出电压、电流和频率不稳定	柴油机调速装置故障，转速忽大忽小	检查柴油机调速装置，修整并使柴油机转速稳定
	励磁电路中，电压调节整定电位器接触不良，旋转整流器接线松动	予以检修
	自动电压调节器(AVR)励磁系统电路有故障，造成 AVR 对励磁电流控制不稳定	查明电路故障点更换元器件或更换 AVR

旋转整流器无输出电压时的故障现象、故障原因和排除方法		
故障现象	故障原因	排除方法
旋转整流器无输出电压	整流二极管因过电压或过电流而损坏	按规定等级更换旋转硅元件
	旋转整流器的硅整流元器件安装时扭力过大，导致管壳变形，内部硅片损伤	更换装配时扭力矩应适当
	负载功率因数过低，使励磁电流增大，整流元器件过热损坏	设法予以补偿负载功率因数

续表

发电机绝缘电阻降低时的故障现象、故障原因和排除方法		
故障现象	故障原因	排除方法
发电机在冷态下绝缘电阻低于 2MΩ	发电机在长途运输或长期搁置中受潮	加强运输中的密封措施，在搁置中加装防潮器
热稳定状态下，低于 0.5 MΩ	安装环境中，空气含有导电尘埃或腐蚀蒸气，造成绝缘下降	加强通风防尘，避免腐蚀性蒸气侵入

发电机三相电压不平衡时的故障现象、故障原因和排除方法		
故障现象	故障原因	排除方法
发电机三相输出电压不平衡	定子的三相绕组某一相或两相接线头松动	将松动的接线头拧紧
	定子的三相绕组某一相或两相断路或短路	查明断路或短路处，予以消除
	外电路三相负载不平衡	调整三相负载，使之基本达到平衡

发电机起动正常，接负载后跳闸时的故障现象、故障原因和排除方法		
故障现象	故障原因	排除方法
机组起动后，发电机端电压正常，但接通外电路后，自动空气开关跳闸	外电路发生短路	查明外电路的短路点，加以修复
	负载太重	减轻负载，以减少发电机输出的负载电流

3.5 网电及无功补偿装置故障

案例九十三　无功补偿房无电流补偿维修

钻机型号：ZJ70D

系统简介：无功补偿房型号为 WBD-50，由东营高原电气有限公司于 2010 年 1 月生产制造，无功补偿装置采用 SVG+FC 模式，额定容量为 SVG-1600A，FC-2 * 800A。

故障时间：2019 年 11 月 4 日

钻井工况：一开钻进

故障现象：2019 年 11 月 4 日，开始使用网电，在投入 SVG 时，发现 SVG 一直处于自检状态，无法投入使用(见图 3-107)。

原因分析：(1)SVG 采样电流互感器开路故障；(2)互感器 P1 和 P2 面朝向不正确，导致采样电流不准确；(3)SVG 主控板或信号转换板故障。

处理方法：11 月 12 日，厂家人员上井维修，发现 SVG 电路板有故障，拆除母板及剩余板子、显示器回厂维修。12 月 24 日，厂家人员上井安装，SVG 能够通过自检进入操作界面，但因当时一开中完，全井负荷较低，所以投入后，显示屏显示补偿电流很低只有 30A。12 月 28 日，二开后投入 SVG 发现补偿电流仍没有变化(见图 3-108)。

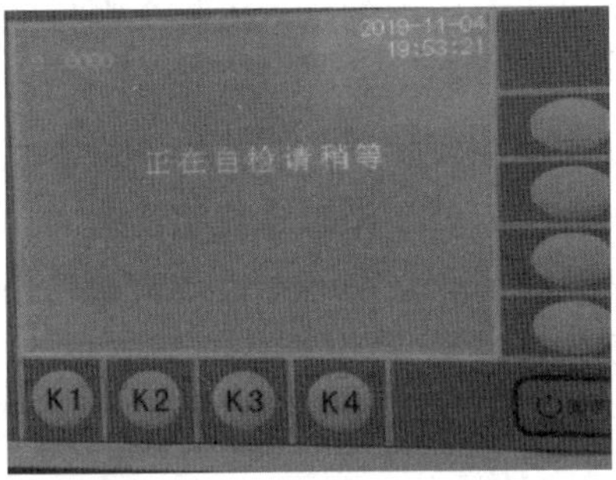

图 3-107　无功补偿房自检画面

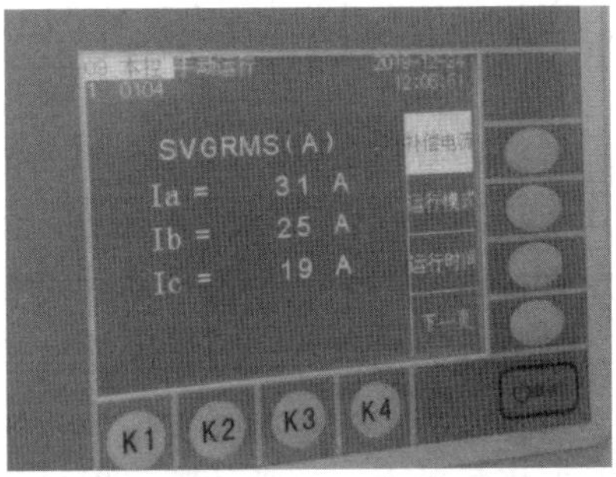

图 3-108　补偿电流过小

2020 年 1 月 3 日，厂家人员再次上井，根据 SVG 显示屏显示补偿电流三项不均衡判断可能是外置采集信号互感器(变比 2000/5)故障，用万用表测量发现有两只互感器开路损坏，并且两只互感器的 P1 面朝向错误(P1 面应该朝向负载端即电流流过的方向)。2020 年 1 月 5 日，经队领导同意网购 9 只电流互感器。2020 年 1 月 12 日，更换电流互感器，并把互感器朝向和电缆全部缕顺。SVG 投入使用正常。

经验总结：外部采样互感器在安装时，要进行检测，判断是否功能良好；同时要注意互感器 P1 面的朝向，避免造成朝向错误导致采样不准确。

案例九十四　网电切换柜接地故障检修

钻机型号：ZJ70D

系统简介：高原公司 2010 年出厂，系统采用西安宝德生产的 70D 电控系统，主要由 S7-300PLC、5 个 SCR 柜、4 个 GEN 柜、供电柜等组成。

主发电机为 4 台 1200kW 的 CAT3512B 发电机组，辅发为 400kW 的威尔逊，泥浆泵为 2 台 800kW 串励直流电机作为动力，绞车为 2 台 800kW 串励直流电机，转盘为 1 台 800kW 直流电机，顶驱为北石 DQ-70BSF 型顶驱。

故障时间：2019 年 7 月 3 日

钻井工况：钻井作业

故障现象：因供电所停电检修，倒换发电机供电，一切正常，检修完毕网电恢复供电，将3号发电房的网电切换柜扳到“网电”，送电后发现，交流接地检测表的A、B两相的接地故障灯常亮，柜子内的管状电阻发热严重。

原因分析：因TSF型无功补偿房多次出现控制变压器烧毁引起600V接地故障，首先怀疑汉德TSF型无功补偿房的某一个或两个回路的控制变压器烧毁导致接地故障，经检查后，无功补偿房无问题。

因井上工况不允许，带病工作到下午起钻到套管处，检查发现网电切换柜的外壳对地电压在180V左右，停网电后，发现切换柜内的A、B两个铜排的固定螺丝处断裂，导致与外壳接地(见图3-109)。

经现场分析后得出故障：网电切换柜使用年限较长，且切换柜非常笨重，其操作手柄需要较大力气才能扳动，在使用过程中，因操作时难免使用蛮力，导致固定铜排的地方断裂，铜排的固定处是由普通螺丝固定在一个较薄的塑料外壳上的，塑料外壳破碎后，导致铜排接地，出现接地故障。

处理办法：经过绝缘处理后，检查A、B两相对外壳的电阻值，大约在2MΩ左右，恢复供电，接地故障得以排除(见图3-110)。

图3-109　排的固定螺丝处断裂

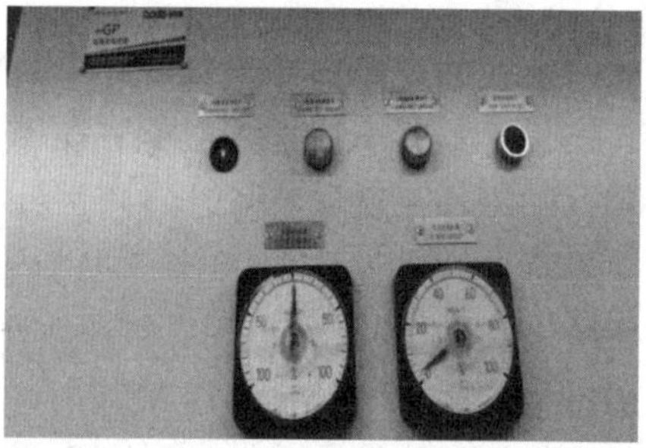

图3-110　接地检测表显示

经验总结：任何的电器设备，在使用前及停止使用期间，一定要勤检查，对内部的灰尘、杂物等一定要清理干净。平时工作中切勿毛躁，网电切换柜开关的操作手柄勿使用蛮力操作。

案例九十五　直流钻机谐波对营房用电的影响及处理

钻机型号：ZJ70D

系统简介：东营汉德2019年4月制造，5个直流调速柜，可控硅容量为2000A。

故障时间：2019年6月10日，RMTN-12井。

钻井工况：钻进

故障现象：直流电网产生的谐波对电气设备频繁造成损坏。

原因分析：钻机动力机组是由 5 台 973kW 的 CAT3512B 发电机构成，提供输出 600V、60Hz 三相电源。3 次、5 次、7 次等奇次谐波对井场电气元件等危害极大，电路板上电容极易损坏，频繁出现谐波问题导致的电路板损坏，设备无法正常运行。图 3-111、图 3-112 就是电气元件损坏的照片。

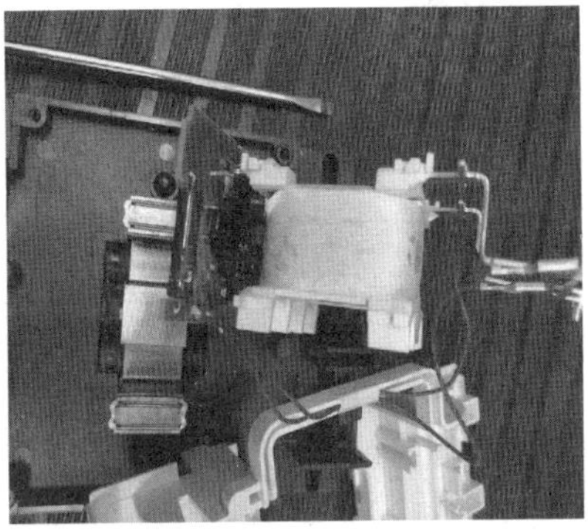

图 3-111　75kW 电机交流接触器控制线圈板

图 3-112　空调室内机综合电路板

鉴于这种情况，必须从如何抑制或减弱谐波的危害影响入手。首先利用 FLUKE 分别测量了直流大电机启动前后营房电源的两组波形并进行了比较。如图 3-113、图 3-114 所示。

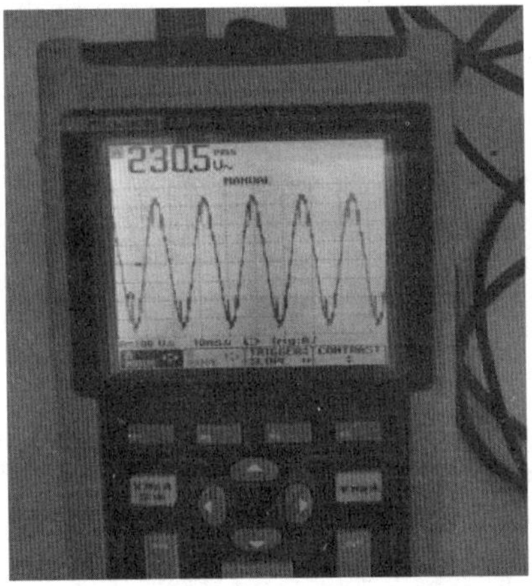

图 3-113　泥浆泵启动前营房电源波形

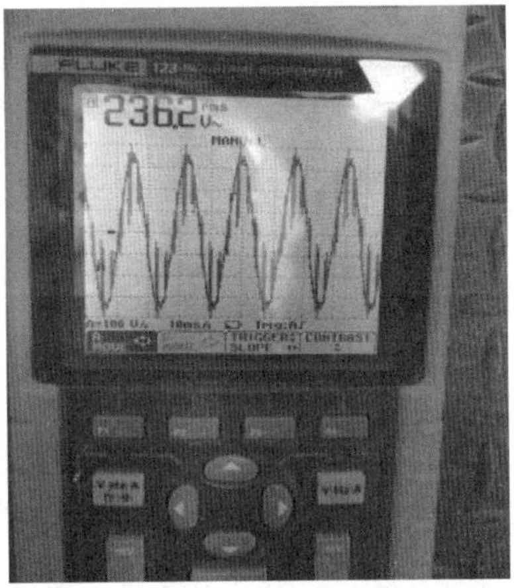

图 3-114　泥浆泵启动后营房电源波形

以上两图清晰地反映出直流大电机启动后，谐波对电流波形影响程度极为严重。浪尖的突变波峰值加剧了电源波形的畸态变化，从而轻易击穿烧坏电气设备内部电路板上的电器件。平常生活区大家所用的手机电脑笔记本等的充电适配器动不动就被击穿烧坏不能使用。因此，计划从电网中加入相应的电抗器和电容组，来吸收和抵抗谐波对电气设备的破坏。

处理方法：生活区营房的电源来自 SCR 房内 600/400 的变压器，计划在营房区主配电柜上端加装一个自制的简易滤波装置柜。首先从当地采购了一个电抗器（额定电压 460V，额定电流 600A）和 18 个电容（450VAC，100μF）和几个 3P 施耐德 C63A 的微型断路器。

该简易滤波柜组装的基本原理为，将 18 个电容分别两两串联起来，这样就得到了 9 组电容，再将这 9 组平均分成 3 组，每组并联接线，完成后将这 3 组电容组一端相线分别并联到电抗器出线的三相线 A/B/C 中去，中间通过 3 个施耐德断路器开关控制各组电容的上下线投切，电容组的另一端压接在电抗器出线端的零线上即作为公共端。电路图如图 3-115 所示：

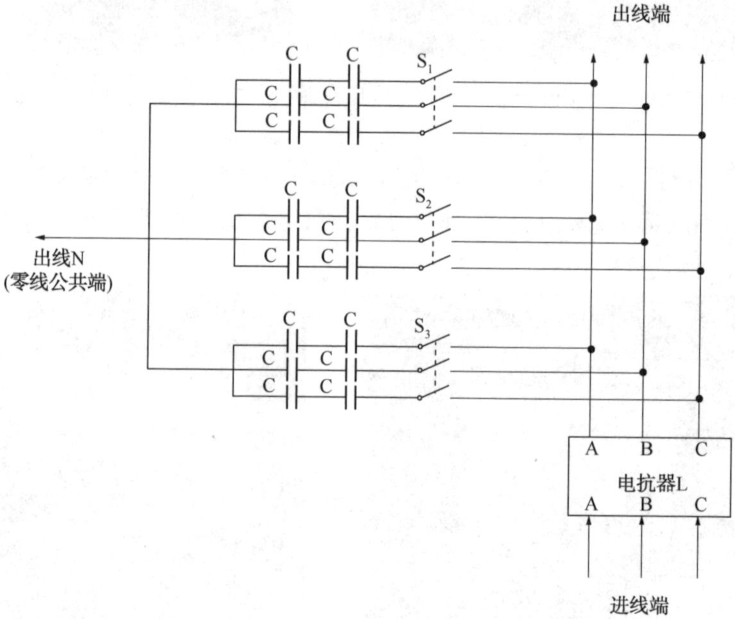

图 3-115 滤波电路基本原理图

电容并联后，容值等于各个电容值之和，即 $C=C_1+C_2+\cdots\cdots+C_n$；电容串联后，容值等于各个电容值倒数之和，即 $C=1/C_1+1/C_2+\cdots\cdots+1/C_n$。在这个电路图里，先将两个电容串联是为了分压，因为正弦波受到谐波干扰时瞬间峰值会在 500V 左右波动，由于在沙特当地采购不到合适的电容（耐压值和电容值），只好串联电容进行分压从而保护电容不会频繁损坏。串联后的容值会下降，这时就考虑再并联几组电容进去，增大电路中的容值，更好地吸收和减弱谐波，达到净化营房电路的目的。下图是现场做的简易滤波装置实物图（图 3-116）：

图 3-116　简易滤波装置

滤波装置做好后，投入到营房电路中去测试，正常营房电路负荷较高时每相电流在 200A 左右。在装置投入一周内，无论是高速起绞车，还是双泵循环钻进，在各个工况下再也没有发现营房电气设备因为谐波的问题而出现电路板等损坏烧毁的现象，说明该柜子滤波效果还是非常显著的。同时也检测了通过该柜子滤波后电源的波形，如图 3-117 所示。

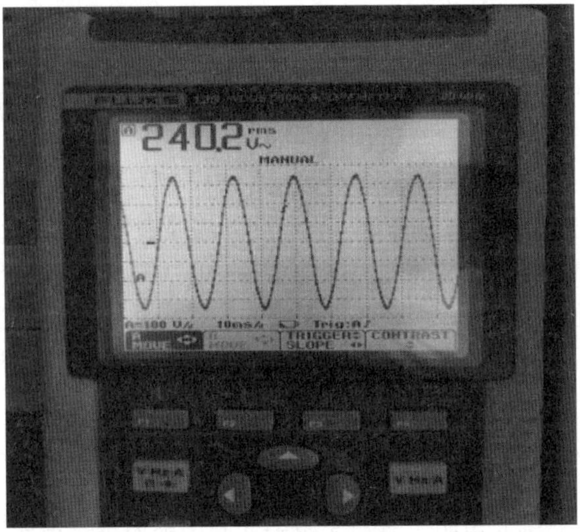

图 3-117　简易滤波后电源波形

经验总结：沙特环境气温高、风沙大，这个简易的滤波装置结构简单，没有很细小的电器元件，所以根本不需要散热风机和防尘等装置的保护，因此该装置可以在恶劣的环境下放心使用。经过近一年的时间该装置依然使用良好，电容电抗没有损坏更换过，营房电气设备也运行良好，得到了很好的保护。今后其他的直流钻机也可以采取同样的办法来解决谐波给设备带来的危害。

3.6 电动机故障

案例九十六 1200kW 泥浆泵主电机绝缘不良故障处置

钻机型号：70DB

系统简介：高原公司 2012 年出厂，系统采用西安睿科生产的 70DB 电控系统，主要由西门子 S120 变频器、S7300CPU、CU320、AOP30、ET200 通信模块，电机模块等组成。

主发电机为 4 台 1310kW 的 MTU 发电机组，辅发为 400kW 的 VOLVO，泥浆泵为恒信 1200kW 交流变频电机作为动力，绞车为 2 台 800kW 交流变频电机，转盘为 1 台 600kW 交流变频电机，顶驱为景宏 70 型顶驱。

故障时间：2016 年 3 月 14 日

施工工况：二开钻进作业

故障现象：2016 年 3 月 14 日晚上 10 点左右，正在运行的 3 号柴油发电机组报的调速限制警告，GCB 分闸，发电机停止运行。当时用的 1 号泥浆泵，准备运行 2 号泥浆泵时出现的这个问题。

启动 2 号柴油发电机组运行。至 3 月 15 日早晨 4：40 左右，正在运行的 2 号发电机报调速限制警告，GCB 分闸，发电机停止运行。当时是在 3 号泥浆泵运转的情况下，准备运行 2 号泥浆泵出现的问题。

原因分析：怀疑泥浆泵有接地现象，(1)用摇表检测电缆对屏蔽和对地的绝缘良好；(2)电机对地的绝缘良好；(3)打开泥浆泵配电箱检查接线柱是否存在接地现象，将其屏蔽有可能与动力电缆接触的地方用绝缘胶布包好。重新启动试运行没问题，至现在运行 8 个小时以上没有问题。3 月 15 日中午在检查 2 号泥浆的问题时，循环准备用 1 号泥浆泵，4 号发电机组报的调速限制警告，GCB 分闸，发电机停止运行。

2016 年 3 月 16 日检查过程：

(1) 拆卸 VFD 房体 1 号泥浆泵动力电缆。

(2) 用 1000V 绝缘电阻表测量 1 号泥浆泵电缆对屏蔽电缆和对地电缆的绝缘 200MΩ 以上，绝缘正常；

(3) 用 1000V 绝缘电阻表测量 1 号泥浆泵电机对地绝缘 100MΩ 以上，绝缘正常；

（4）将能看到屏蔽层与动力电缆（之前都做过绝缘处理）可能接触的地方缠绝缘胶布。

接上电缆，重新上电运行，在变频器使能的时候，接地电阻检测灯正常，首轮给定转速时发电机组报的调速限制警告，GCB 分闸，发电机停止运行。

（1）拆卸 VFD 房体 1 号泥浆泵动力电缆。

（2）1 号泥浆泵变频器在不带负载的情况下运行正常，排除变频器输出端有接地故障。

2016 年 3 月 17 日检查过程：

针对 16 日检查结果，将 1 号泥浆动力电缆与 1 号泥浆泵电机分开重新测量绝缘。

（1）拆卸 VFD 房体 1 号泥浆泵动力电缆。

（2）拆卸 1 号泥浆泵电机侧动力电缆。

（3）用 1000V 绝缘电阻表测量 1 号泥浆泵电缆对屏蔽电缆和对地电缆的绝缘 1000MΩ 以上，绝缘正常；

（4）用 1000V 绝缘电阻表测量 1 号泥浆泵电机对地绝缘 100MΩ 以上，绝缘正常；

（5）根据厂家提示，测量两两动力电缆之间的绝缘，绝缘正常；

（6）将此次故障现象反馈给钻机电气与发动机技术群。

（7）1 号泥浆泵变频器带 2 号泥浆泵电机：

如果正常运转，说明 1 号泥浆泵变频器没有问题；如果不正常运转，说明 1 号泥浆泵变频器有问题。

2 号泥浆泵变频器带 1 号泥浆泵电机：

如果运转正常，说明 1 号泥浆泵电机电缆没有问题；如果不正常运转，说明 1 号泥浆泵电机电缆有问题。

最后故障范围确定是 1 号泥浆泵电机电缆的问题。

2016 年 3 月 18 日检查过程：

（1）将 1 号泥浆泵的 6 根动力电缆电机端屏蔽层剪断，房体端屏蔽层不与房体接地。排除屏蔽层接地现象。

上午由于工况不允许，停止测试，将信息继续反馈给厂家技术人员。

（2）将 1 号泥浆泵的 6 根动力电缆接到 2 号泥浆泵的电机，运转正常。证明 1 号泥浆泵的 6 根动力电缆是正常的。

（3）将泥浆泵电机外壳打开发现，内部有小铁片卡在绕组中间，绕组绝缘层有几处打弧。

因此，此故障是由 1 号泥浆泵绝缘受损引起的。

处理方法：将电机转子取出，发现转子上有部分硅钢片松动，定子线圈上有两处出现绝缘破损。使用套管密封胶将硅钢片密封固定，使用绝缘胶将定子线圈损坏部分进行绝缘处理。采用压缩空气对电机内部进行清理，刷上部分绝缘漆。将电机装好，首先手动盘泵，正常后，通电试运转，温度正常，各电气运行参数正常，可以正常使用。

经验总结：对于变频电机来说，即使 1000V 摇表绝缘检测值正常，也不能排除电机绝缘良好。

案例九十七　离心机电机电流过载保护的原因分析

钻机型号：ZJ70D

系统简介：沧州市华油飞达钻采 LW355-1250N 高速离心机 2016 年投产，最大泥浆处理量 $40m^3/h$，最高转速 3200r/min，采用双机变频控制，主、辅机均配有变频器。

故障时间：2016 年 10 月 21 日

钻井工况：二开钻进

故障现象：离心机使用过程中，刚开机启动 37kW 主电机运行电流达到 322A，导致变频器过流保护跳闸。

原因分析：检查电路、电机都没有问题之后，判断是螺旋推进器发卡或者是滚筒与护罩摩擦，形成阻力导致电机过流。仔细排查后发现耦合器加油过多。LW355-1250N 高速离心机说明书介绍说“耦合器内油的作用主要是传递扭矩的介质，而不仅仅是起润滑的作用，耦合器内充油量的多少直接影响其传动特性。最大允许充油量不得超过总容积的 80%，否则耦合器就起不到缓冲电机启动冲击的作用，并且会使耦合器运转时腔内压力升高，液力损失大，容易渗漏和发热；最小充油量不得小于总容积的 50%，否则会使轴承得不到有效润滑，加速轴承磨损并产生噪声。”

处理办法：将耦合器内多余的油放出，使油量达到总容积的 65%。

LW355-1250N 高速离心机工作正常，37kW 主电机运行电流为 70A，在额定电流以内。

经验总结：现场设备必须查看说明手册按量添加，避免过少或过多。

案例九十八　液压站电机不运转故障

钻机型号：ZJ70D

系统简介：中国石化胜利工程有限公司钻井工艺研究院 2019 年制造的液压动力集成系统。

故障时间：2020 年 2 月 25 日

钻井工况：三开作业

故障现象：内钳工准备使用液压大钳时发现综合液压站左上方电源指示灯常亮，合闸 1#或 2#液压泵，液压泵电机启动 3~5s 后跳闸停机，缺项指示灯间隔性闪烁(图 3-118)。

图 3-118　综合液压站

原因分析：故障出现后，打开综合液压站左侧控制柜，发现相序保护器烧坏，导致液压站无法正常合闸，分析相序保护器烧坏的原因为 ROSS HILL 直流控制系统谐波较大(见图 3-119)。

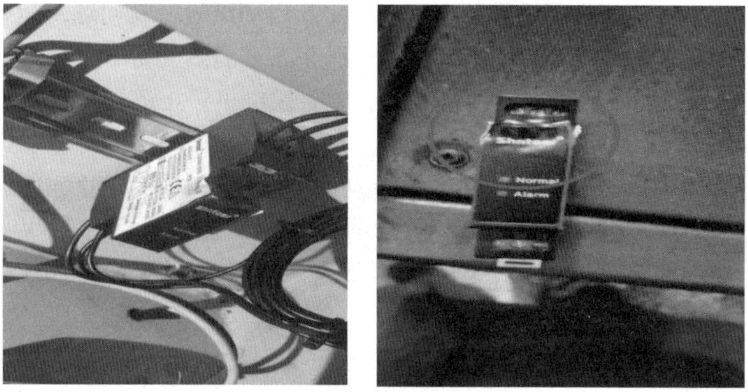

图 3-119　损毁的相续保护器

处理办法：更换相序保护器，综合液压站恢复正常使用。

经验总结：ROSS HILL 直流控制系统输出谐波较大，容易导致电器元器件烧坏，现场要合理配置、安装、使用电抗器减少谐波危害。

案例九十九　泥浆泵主电机绝缘不良故障处置

钻机型号：ZJ70DB

系统简介：高原公司 2012 年出厂，系统采用西安睿科生产的 70DB 电控系统，主要由西门子 S120 变频器、S7300CPU、CU320、AOP30、ET200 通信模块，电机模块等组成。

主发电机为 4 台 1310kW 的 MTU 发电机组，辅发为 400kW 的 VOLVO，泥浆泵为恒信 1200kW 交流变频电机作为动力，绞车为 2 台 800kW 交流变频电机，转盘为 1 台 600kW 交流变频电机，顶驱为景宏 70 型顶驱。

故障时间：2016 年 3 月 14 日

施工工况：二开钻进作业

故障现象：2016 年 3 月 14 日晚上 10 点左右，正在运行的 3 号柴油发电机组报的调速限制警告，GCB 分闸，发电机停止运行，停机前 1 号泥浆泵运转，准备倒换 2 号泥浆泵时出现故障。

启动 2 号柴油发电机组运行。至 3 月 15 日早晨 4∶40 左右，正在运行的 2 号发电机报调速限制警告，GCB 分闸，发电机停止运行。停机前 3 号泥浆泵运转，准备倒换 2 号泥浆泵时出现故障。

原因分析：怀疑泥浆泵有接地现象。

(1) 用摇表检测电缆对屏蔽层和对地的绝缘良好；

(2) 电机对地的绝缘良好；

(3) 打开泥浆泵电机配电箱检查接线柱是否存在接地现象，将屏蔽层有可能与动力电缆接触的地方用绝缘胶布包好，重新启动试运行没问题，运行 8 个小时以上没有问题。3 月 15 日中午检修 2 号泥浆，准备 3 号泵倒换 1 号泥浆泵时，4 号发电机组报的调速限制警告，GCB 分闸，发电机停止运行。

3 月 16 日检查过程：

(1) 拆卸 VFD 房出线仓 1 号泥浆泵动力电缆；用 1000V 绝缘电阻表测量1 号泥浆泵电缆对屏蔽电缆和对地电缆的绝缘 200MΩ 以上，绝缘正常；

(2) 用 1000V 绝缘电阻表测量 1 号泥浆泵电机对地绝缘 100MΩ 以上，绝缘正常；

(3) 将能看到屏蔽层与动力电缆(之前都作过绝缘处理)可能接触的地方缠绝缘胶布；

(4) 重新连接电缆启动试运行，在变频器使能的时候，接地电阻检测灯正常，首轮给定转速时发电机组报的调速限制警告，GCB 分闸，发电机停止运行。

(5) 再次拆卸 VFD 房出线仓 1 号泥浆泵动力电缆，通电测试，1 号泥浆泵变频器在不带负载的情况下运行正常，排除变频器输出端有接地故障。

3 月 17 日检查过程：

(1) 针对 3 月 16 日检查结果，将 1 号泥浆动力电缆两端都拆下，用 1000V 绝缘电阻表测量 1 号泥浆泵电缆对屏蔽电缆和对地电缆的绝缘 1000MΩ 以上，绝缘正常；

（2）用 1000V 绝缘电阻表测量 1 号泥浆泵电机对地绝缘 100MΩ 以上，绝缘正常；

（3）根据厂家维修人员提示，测量动力电缆两两之间的绝缘，绝缘正常；

（4）采用 1 号泥浆泵变频器带 2 号泥浆泵电机，如果正常运转，说明 1 号泥浆泵变频器没有问题；如果不正常运转，说明 1 号泥浆泵变频器有问题。2 号泥浆泵变频器带 1 号泥浆泵电机：如果运转正常，说明 1 号泥浆泵电机电缆没有问题；如果不正常运转，说明 1 号泥浆泵电机电缆有问题。最后故障范围确定是 1 号泥浆泵电机电缆的问题。

3 月 18 日检查过程：

（1）将 1 号泥浆泵的 6 根动力电缆电机端屏蔽层剪断，房体端屏蔽层不与房体接地。排除屏蔽层接地现象；由于工况不允许，停止测试，继续与厂家技术人员沟通现场情况。

（2）将 1 号泥浆泵的 6 根动力电缆接到 2 号泥浆泵的电机，运转正常。证明 1 号泥浆泵的 6 根动力电缆是正常的。

（3）将泥浆泵电机外壳打开发现，内部有小铁片卡在绕组中间，绕组绝缘层有几处打弧。确定故障是由 1 号泥浆泵绝缘受损引起的。

处理办法：将电机转子取出，发现转子上有部分硅钢片松动，定子线圈上有两处出现绝缘破损。使用套管密封胶将硅钢片密封固定，使用绝缘胶将定子线圈损坏部分进行绝缘处理。采用压缩空气对电机内部进行清理，刷上部分绝缘漆。将电机装好，首先手动盘泵，转子转动顺畅，通电试运转，电机轴承及转子、定子温度正常，变频器运行正常，发电机未发生故障停机，恢复正常使用。见图 3-120～图 3-123。

结论：对于变频电机来说，使用 1000V 摇表进行绝缘检测其显示值虽然正常，但仍不能保证电机绝缘完全良好。

图 3-120　打开电机边盖检查

图 3-121　拆解电机

图 3-122　定子和转子分离

图 3-123　定子线圈绝缘损坏位置

案例一〇〇　泥浆泵灌注泵电机电流过高分析与处置

钻机型号：ZJ70D

系统简介：泥浆泵供液管线配套卧式灌注泵，电机额定功率为 75kW，电控系统采用 75kW 施耐德软启动器。

故障时间：2020 年 4 月 17 日

钻井工况：钻进作业

故障现象：二开钻进以来，一号、二号泥浆泵卧式灌注泵使用过程中电机电流异常，灌注泵电机运转时电流 137A，低泵冲使用过程中电流超 160A 以上，高泵冲使用过程中通过调节上水蝶阀控制供浆量，电流在 60～140A 之间波动，长时间大电流运转造成软起柜多次保护跳闸。

原因分析：灌注泵流程存在缺陷，缺少泄压功能，当灌注泵进液量大于泥浆泵进液量时造成灌注泵憋泵，电流过高；当灌注泵进液量小于泥浆泵进液量时造成泥浆泵上水不足，灌注泵进排液不均衡导致电流不稳定。

处理办法：通过加装泄压管线和控制蝶阀改进流程。见图 3-124、图 3-125。

图 3-124　灌注泵上水流程

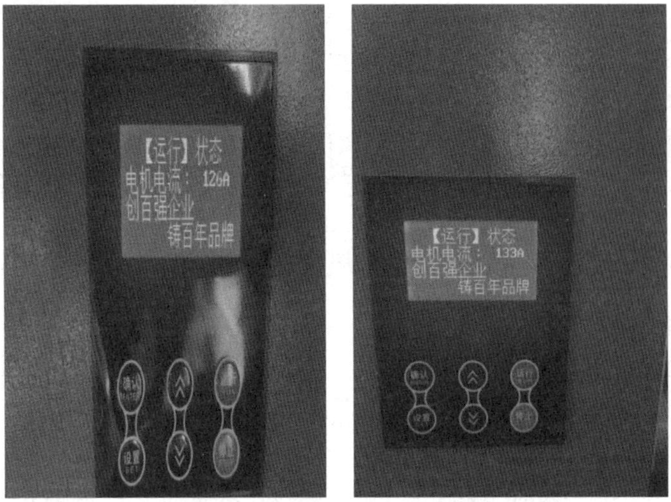

图 3-125　改造后灌注泵电流

经验总结：泥浆供浆管线上加装灌注泵能够有效提高泥浆泵的上水率，从而保证泥浆泵排量和泵压稳定，但是不规范的管线流程设计容易造成灌注泵运行期间电流较大，容易引发报警停机，要根据现场实际情况规范设计流程。

3.7　空调器故障

案例一〇一　特灵空调控制面板无显示原因分析与处置

钻机型号：ZJ70D

系统简介：兰石石油机械厂 2019 年 2 月制造，电控系统采用 ROSSHILL 直流调速系统，配备 4 个直流调速柜，DC 模块额定电流分别是绞车 800A、泥浆泵 1600A，晶闸管容量为 2000A。SCR 房配备 2 台特灵风管送风式空调机组，室外机的型号 TTA100ADEA，额定电流 18A。

故障时间：2020 年 3 月

钻井工况：钻进作业

故障现象：SCR 房特灵空调突然停机，控制面板无显示。

原因分析：检测完进线电压后，打开室外机检查室外机各面板、压缩机无问题，手动操作压缩机正常运转，判断室内机出现故障。打开室内机检查电路板无异常，发现室内机保险烧坏，更换室内机保险后运转 1 分钟后保险再次烧坏。室内机保险瞬间烧坏一般是电流过大引起，室内机保险烧坏是电路板电阻击穿或是电路板电容损坏，再排除主板损坏就只有风机有较大电流通过，测量风机匝间正常，测量风机线圈与外壳发现三相均与外壳短路。

处理办法：风机修理好后，安装完毕上电恢复正常使用。

经验总结：特灵空调在使用过程中空调风量一定是开到了手动且风量最大。建议出风口的风量要遮挡部分，要给风机一定阻力，不要让风机无阻力全转速运转，设计遮风片一是调整出风方向二是减小风量保护风机长时间运转。

案例一〇二　特灵空调停机保护故障排查

钻机型号：ZJ70D

系统简介：宝石公司2009年出厂，系统采用西安宝美生产的70D电控系统，主要由西门子S7-300PLC、5套SCR柜、4套GEN柜、MCC柜等组成。

主发电机为4台1200kW的CAT3512B发电机组，辅发为400kW的Volvo，泥浆泵为2台永济800kW直流电机作为动力，绞车为2台800kW直流电机，转盘为1台800kW直流电机，顶驱为VARCO-11SA型顶驱。

5套SCR柜的机房配备2台特灵风管送风式空调机组，室外机的型号为TTA100ADEA，额定电流18A(见图3-126)。

图3-126　特灵空调室外机

故障时间：2018年10月24日

钻井工况：钻进作业

故障现象：SCR房1号空调短时间工作后室外机自动停机，等待一段时间后，室外机工作数秒继续停机，如此往复进行。

原因分析：空调间断工作时总电流为16A，偏低，正常为20A。停机时，检查室外机压缩机及外风机接触器供电电源正常，为380V，接触器线圈没有24VAC。参照图纸(图3-127)检查室外机接触器线圈控制回路，找到直接从室内机输出到室外机的控制信号端子排B2与Y点(图3-128)，测量B2与Y端子间也无24VAC。继续检查室外机给室内温控的24VAC供电，测量R点(24VAC)与

B1(0V)间正常为24VAC。让室内机温控器(图3-129)保持持续制冷输出状态，继续测量室外机接触器线圈控制回路的B2端子和Y端子，发现Y端子对地(B1端子)电压为24VAC，说明室内温控器工作正常，正常输出(图3-130)，将室外机工作信号传输到了室外机端子排；检测B2端子对R端子(24VAC)为0V，说明B2端子的零电势未输送到室外机。

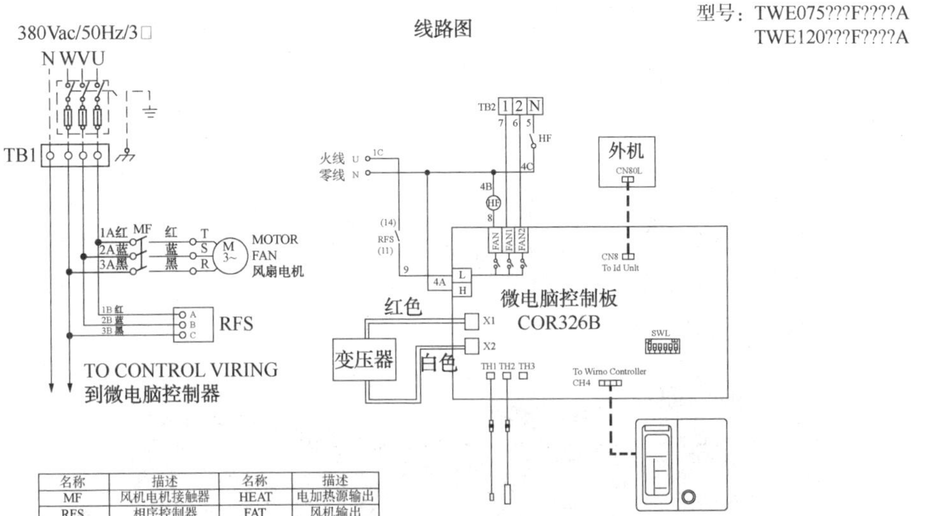

名称	描述	名称	描述
MF	风机电机接触器	HEAT	电加热源输出
RFS	相序控制器	FAT	风机输出
TB	接线端子台	————	工厂连线
		– – – –	现场连线

说明：1.内外机通信线必须采用Trane要求的导线。
2.拨码此开关有多种组合，由安装现场设置。

警告:1.维修前必须切断所有电源．否则将造成人身伤亡!
2.必须使用铜芯导线,否则将造成机器损坏甚至人身伤亡!

图3-127　空调工作电路图

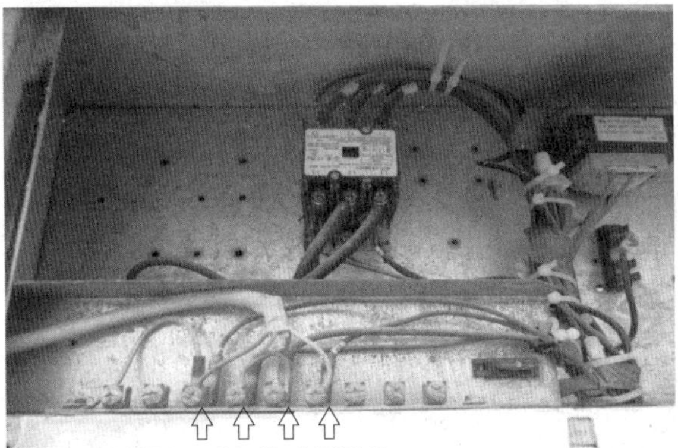

图3-128　室外机端子排

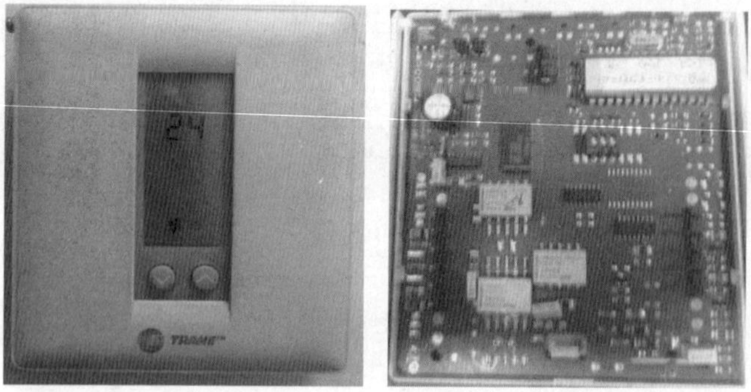

图 3-129　室内机温控器

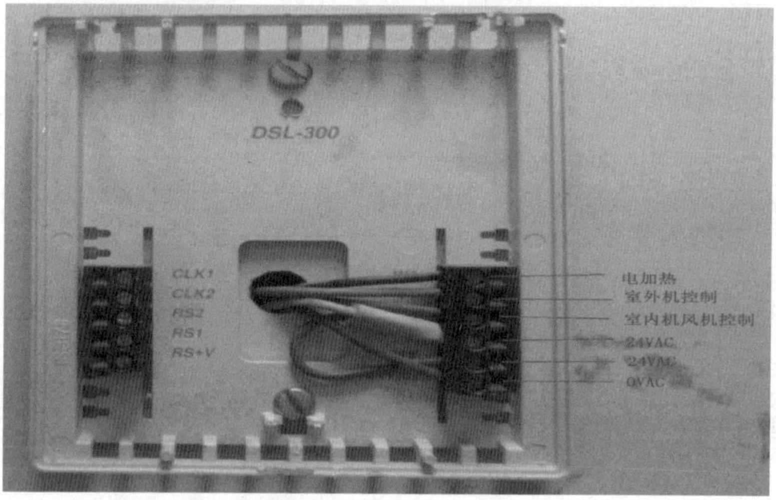

图 3-130　室内机温控器输出端子排

认真分析图纸得出局部端子连接关系，发现室外机端子 B2 与室内 EDC(化霜开关)(图 3-131)相连后与室内 B1 端子相连，室内温控器显示及工作正常，说明室内供电地(B1 端子)与室外电源 0 电势(B1 端子)连接稳定。

室外机B2 —— EDC (化霜开关) —— 室外机B1

现在可以推测室外机不工作的原因：

(1) EDC(化霜开关)工作；

(2) EDC(化霜开关)与室外机 B2 端子连接线路断。

继续观察室外机短时工作情况，发现压缩机回气管线结霜(图 3-132)。由此，可以断定室外机不工作，一定与 EDC(化霜开关)有关。

拆开室内机检查 EDC(化霜开关)相关电路，未发现异常。室内机蒸发器结霜，导致 EDC(化霜开关)工作，所以与 EDC(化霜开关)相连的 B2 无法与 B1 端子(0 电势)相通，室外机接触器线圈无法获得 24VAC 电源使得室外机不工作(图 3-132)。

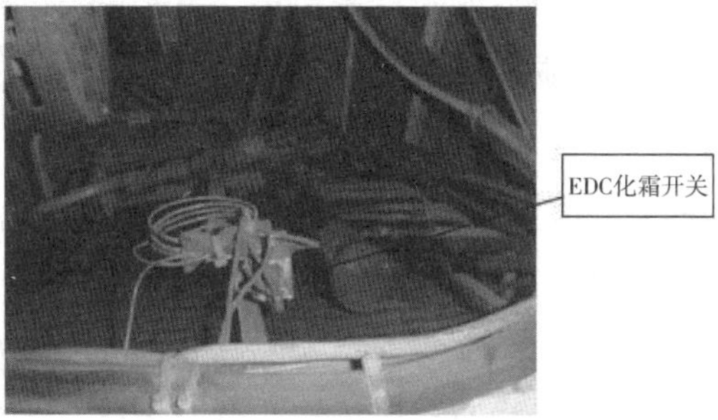

图 3-131　EDC 化霜开关

图 3-132　结霜的室外气管

蒸发器和压缩机气管结霜的原因很多：(1)缺少氟利昂；(2)氟利昂过多；(3)蒸发器翅片太脏；(4)室内机风机风量小或不工作；(5)近压缩机气管被挤压。

再次供电让空调运行，耐心检查室内机，发现蒸发器结霜，室内风机不工作，风扇皮带断裂。

处理办法：更换室内机风扇皮带后，设备工作正常，空调工作电流恢复到正常的 20A。

经验总结：(1)由于室内机风机(图 3-133)皮带断裂，蒸发器无法获得通风，蒸发压力低，蒸发器结霜，冷却并节流后的冷媒蒸发不完全，回到压缩机，也会导致压缩机吸气管结霜严重。结霜后 EDC(化霜开关)工作，切断室外机控制信号，蒸发器化霜后，化霜开关复位，室外机控制信号恢复，室外机工作，工作一会，蒸发器继续结霜，EDC 再次动作，使室外机停机，如此循环，空调不能正常工作。

(2)建议定期检查室内机风机，更换风扇皮带，清理蒸发器。

图 3-133　空调室内机风机

案例一〇三　特灵空调温控器失控原因及处置

钻机型号：ZJ70D

系统简介：兰石石油机械厂 2019 年 2 月制造，电控系统采用 ROSSHILL 直流调速系统，配备 4 个直流调速柜，晶闸管容量为 2000A。SCR 房配备 2 台特灵风管送风式空调机组，室外机的型号 TTA100ADEA。

故障时间：2020 年 2 月

钻井工况：钻进作业

故障现象：低压房两台空调开机后温度设定在 23℃，1min 后空调温度自动跳至 16℃且风量模式为自动模式，反复更改测试均无法使用，有时数字存在乱跳现象，经判断为室内机电路板故障，拆开室内机面板发现室内机电力板地线接在外壳上，未与电路板 7805 稳压模块连接(车间厂房电压比较稳定可以连接在外壳无影响)，造成电位偏差大时出现乱码(图 3-134、图 3-135)。

处理办法：将地线压在 7805 上之后，送电空调正常运转故障排除。

经验总结：特灵空调 7805 三端稳压模块设计背端有预留螺丝及压线口，将地线压在模块上即可，可能考虑到用户有大型用电设备造成电压波动较大造成干扰时及时更改。

图 3-134　配件式样

图 3-135　特灵 7805 位置图

案例一〇四　特灵空调相序保护器烧毁故障

钻机型号：ZJ70D

系统简介：兰石石油机械厂 2019 年 2 月制造，电控系统采用 ROSSHILL 直流调速系统，配备 4 个直流调速柜，晶闸管容量为 2000A。SCR 房配备 2 台特灵风管送风式空调机组，室外机的型号 TTA100ADEA。

故障时间：2020 年 4 月

钻井工况：钻进作业

故障现象： 升级改造 SCR 房安装两台新特灵空调，在使用过程中其中一台停机后在开机控制面板无显示。

原因分析： 打开室外机及室内机发现新装特灵空调室外机及室内机都增加了两个保护器，在检查确定了电压及相序后测量保护器发现保护器损坏(图 3-136)。

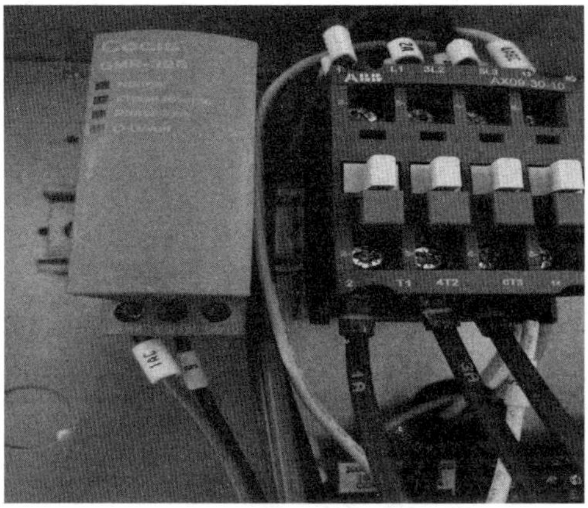

图 3-136　相续保护器

处理办法： 将保护器下端 98/14 与 95/11 出线端子短接空调正常。

经验总结： 其他特灵空调在维修时均未发现此保护器，厂家也接到过多次咨询都是开机后运转时间不长保护器就损坏，建议在确定电压正常、相序正确时将保护器短接，需要注意的是在搬家后安装完毕开机前先确定好电压相序后再投入使用。

案例一〇五　电控房特灵空调充放氟程序

钻机型号： ZJ70D

系统简介： 西安宝德 2010 年 11 月制造，5 个直流调速柜，可控硅容量为 2000A。SCR 房配备 2 台特灵 TTA100ADEA，其制冷额定电流 18A，制冷额定输入功率 10200W。

故障时间： 2018 年 7 月 30 日

钻井工况： 钻进作业

故障现象： SCR 房内 2 号空调制冷效果差，压缩机工作电流偏大，发热厉害，空调外机运行状态为环境温度约 40℃，室内温度 26℃，气管工作压力 80PSI 压缩机工作电流 19.67A。由于压缩机持续工作，时间稍长，气管压力增大到 85psi，压缩机工作电流增大到 21A，最终压缩机安全阀自动打开泄压，压缩机热保护动作，空调不再制冷，压缩机自然散热缓慢降温后，数小时后，压缩机热保护复位，空调恢复制冷。

原因分析：根据空调制冷原理(图 3-137)检查空调各内外风机均正常工作，检查管路，未发现明显漏氟情况出现。清理散热翅片，增强外机散热能力。2 号空调运转工作测试，电流稍微变小，制冷效果变化不大。压缩机工作时间一长，故障现象再次出现。

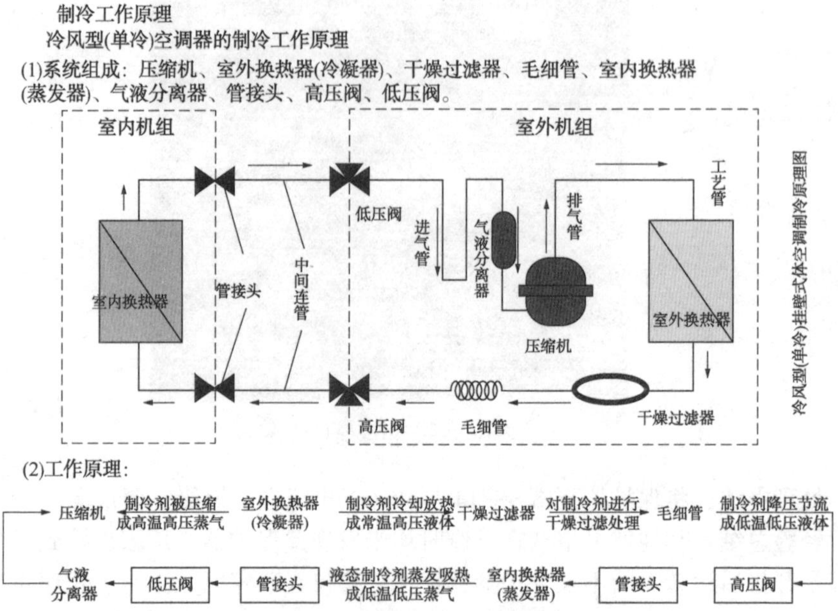

图 3-137　空调工作原理示意图

液态 R22 制冷剂通过节流阀节流膨胀，液态 R22 渐变为气态，体积膨胀吸热。低温的 R22 经压缩机气管回收，冷却压缩机，压缩机将气态的 R22 变为高温液态，散热器散热后，再次进入节流，循环往复。

根据空调内部 R22 的液态与气态变化，来实现制冷和压缩机冷却，R22 过多，压缩机负荷重，发热量大，制冷效果差；R22 过少，压缩机电流小，制冷效果也差。压缩机冷却效果差。只有根据出厂的标准量添加，才能达到系统的最佳工作状态。由于空调工作时间长，R22 内部可能混入少量水气和空气，R22 运转时间长后，会酸化变质，影响制冷效果。针对空调系统的特点，必须放空 R22，对管路系统抽真空，然后定量充氟，才能实现制冷系统的最佳制冷状态(图 3-138)。

处理办法：将空调停机放氟，通过充氟管线连接空调外机气管，调节充氟阀的开度，控制放氟速度，缓慢放氟，放氟过快，会将压缩机内的冷冻机油大量带出来。随着管路内 R22 的变少，表显压力渐渐变小，此过程持续了约 4 小时。当

R22 放完后，使用冷媒管线连接增空泵和空调外机气管，持续抽增空，当真空度到负 25PSI 左右后，持续抽真空 40 分钟以上，最好是持续抽 1 小时，使机体内的杂质及水分彻底排进，过程中注意检查真空泵的油量、温度及运转情况（见图 3-139）。当空调管路抽真空完毕后，立刻关闭压力表下的低压阀门，连接好管线及氟罐，并稍稍打开充氟罐阀门放氟排空，启动真空泵数秒，抽管线中的空气与 R22 的混合气体，然后关闭真空泵，拆除真空泵及连接管线。彻底打开氟罐阀门，将氟罐倒立在动态电子秤上，电子秤清零标定，停机状态下，打开低压阀门开始液态充氟，定量充氟到 9.8kg，关闭氟罐闸门，等待 20 分钟，让机体内液态氟平衡（见图 3-140）。充氟完毕，开机运行测试。最后拆除管线及氟罐。环境温度 46℃，双车 29%负载率，单空调工作，将室内温度降到 26℃，气管压力 85PSI（0.57MPa），压缩机工作电流 19.8A，MCC 柜空调总输入电流 24A（标准参考值：压缩机工作电流 18A，气管压力 0.5~0.55MPa），2 号空调制冷效果有明显改善。

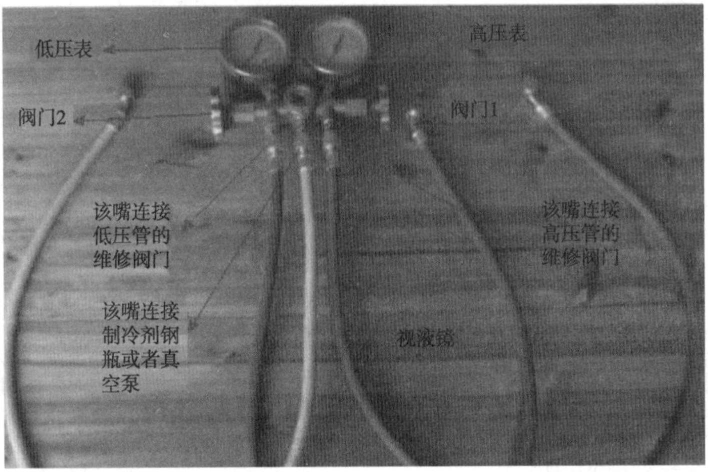

图 3-138　冷媒添加及放出的管线及带压力表阀汇

经验总结：（1）由于长时间使用空调，管路密封件老化，有轻微漏氟，多次的少量加氟，导致管路的 R22 数量偏离系统的标准值，制冷效果变差。空调使用数年后，需要重新检查管路密封性，标定氟的数量。

（2）由于当地风沙大，定期清理室外机散热翅片，增强外机散热能力，促进空调制冷。

（3）加强空调管路的检查，定期维护保养风机。

规定扭矩：

规格 \ 扭矩	拧紧扭矩：N·m
阀 芯	7–9
阀 帽	20–25

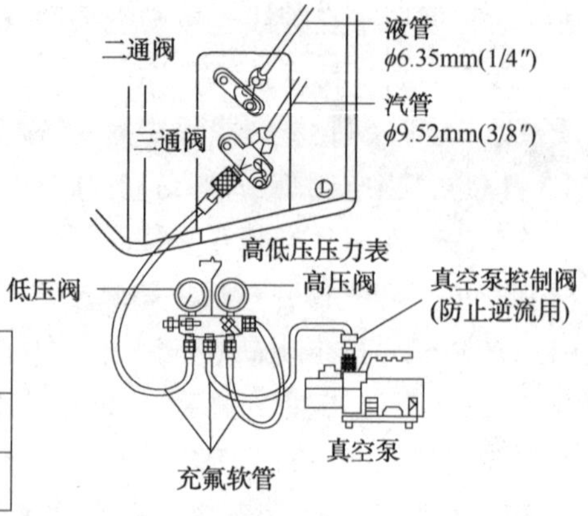

图 3-139　空调外机抽真空连接示意图

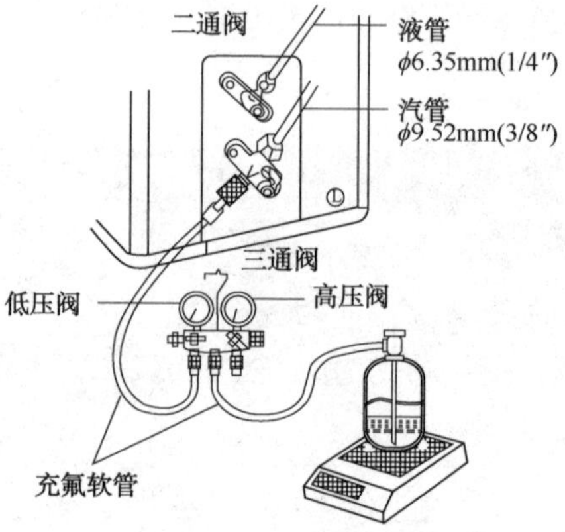

图 3-140　空调外机定量充氟连接示意图

案例一〇六　MCC 房空调内风机故障处置

钻机型号：ZJ40LDB

系统简介：胜利高原石油装备有限责任公司 2012 年制造，电控系统由西安睿科新能源股份有限公司设计定制，固控系统由胜利油田胜华实业有限责任公司固控设备制修厂配套，同时配备 3 台型号为 CP12V190ZLO-B 柴油机、1 部型号为 BCX-40LDB 并车厢、2 台型号为 DF-1300 泥浆钻井泵等设备。

故障时间：2019 年 10 月 18 日

钻井工况：钻进

故障现象：2019 年 10 月 18 日，发电工巡检过程中发现 MCC 房内有异味，怀疑是从空调出风口出散发出来，电气师立即前去查看。进入 MCC 房内闻到很大一股电机绝缘层高温导致的焦煳味道。查看过程中，从空调出风口处吹出一股浓烟，随即空调跳闸保护。打开空调室内机进风口检查，发现空调室内机风机电机本体的空隙间已然冒烟，用手背试探电机外壳，异常烫手。待电机冷却后检查电机输出轴和轴承无间隙。

原因分析：预判断风机线圈绝缘层老化，致使线圈与电机壳体短路，导致电机烧毁。

维修过程：查明原因后，立即启用备用空调给电控房降温，随后要求立即汇报给平台经理，说明故障原因并要求及时购买配件维修。待电机冷却后，对烧毁电机进行拆除作业，30 分钟拆除完毕(由于空间狭小，拆除过程比较消耗时间)。3 天后配件到井，立即进行安装，45 分钟后风机安装完毕，上电试运转，工作正常(图 3-141)。

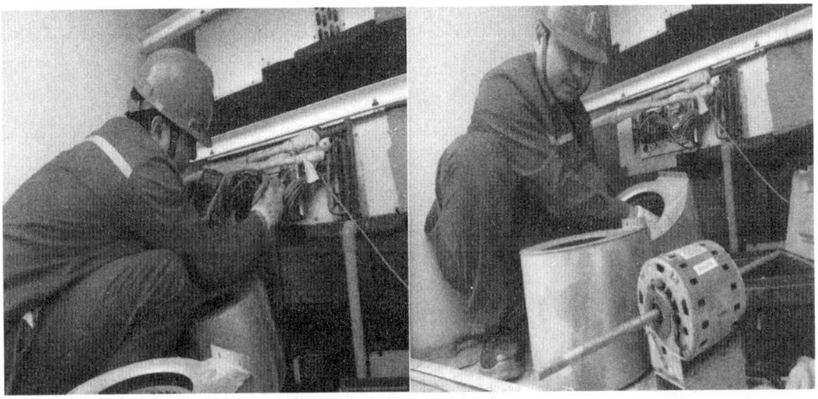

图 3-141　更换烧毁的风机

经验总结：通过该故障的处理，发现随着设备使用年限的增长，设备故障率也在随之增加。也许排查设备故障很简单，但是当排查出问题后发现没有配件，需要现场组织配件，但是有些不常用的设备配件组织起来非常困难，周期非常长，往往会导致因等待配件耽误施工周期，造成不必要的损失。因此，购置不常用配件以备不时之需。

案例一〇七　SCR 房空调高压保护问题及处理

钻机型号：ZJ70D

系统简介：东营汉德 2019 年 4 月制造，5 个直流调速柜，可控硅容量为 2000A。

故障时间：2019 年 6 月 16 日

钻井工况：RMTN-12 井钻进

故障现象：SCR 房两台 10 冷吨的特灵中央空调经常都在正午时出现故障停机，并且室内线控器面板显示同样的故障代码 E09。

原因分析：见图 3-142。

故障代码	处　理
E01	换线控器
E02	换线控器
E03	换室内回风探头(感温器)
E04	换内机盘管感温器 1 系统
E05	换内机盘管感温器 2 系统
E06	换外盘管探头 1 系统
E07	换外盘管探头 2 系统
E08	与拨码有关系，观察拨码是否正确，对照拨码表
E09	压机 1 高压保护 检查①R22 是否过多②外机通风是否良好，回风口是否堵塞③外机有一个高压复位开关，按一下复位④风机是否运行⑤高压保护高压侧，26kg 保护。外界温度越高压力越高。25kg 以上为断路；以下为通路，通路为正常
E10	压机 2 高压保护 检查①R22 是否过多②外机通风是否良好，回风口是否堵塞③外机有一个高压复位开关，按一下复位④风机是否运行⑤高压保护高压侧，26kg 保护。外界温度越高压力越高。26kg 以上为断路；以下为通路，通路为正常
E11	压机 1 低压①检查 R22 是否泄漏②外界温度是否过低③室内风机是否运行④低压保护 0. 17kg 保护。低于 0. 17kg 为断路；高于 0. 17kg 为通路，通路为正常
E12	压机 2 低压①检查 R22 是否泄漏②外界温度是否过低③室内风机是否运行④低压保护 0. 17kg 保护。低于 0. 17kg 为断路：高于 0. 18kg 为通路，通路为正常
E13	压机 1 过载①检查压机电流是否超过额定值②检查接线是否虚接③过载保护器是损坏④检查压机是否卡缸
E14	压机 2 过载①检查压机电流是否超过额定值②检查接线是否虚接③过载保护器是损坏④检查压机是否卡缸
E15	外盘管 1 过热①检查外机通风是否良好②检查探头阻值，25℃ = 10kΩ，温度越高阻值越小，反之越大
E16	外盘管 2 过热①检查外机通风是否良好②检查探头阻值，25℃ = 10kΩ，温度越高阻值越小，反之越大
E17	内盘管 1 过热①检查 R22 的充注压力。一般情况时在 4~4. 5kg 压力环境温度 30℃左右，外界温度越高压力越高②检查回风是否过大③内盘探头是否脱落
E18	内盘管 2 过热①检查 R22 的充注压力。一般情况时在 4~4. 5kg 压力环境温度 30℃左右，外界温度越高压力越高②检查回风是否过大③内盘探头是否脱落
E19	内盘管 1 过冷①检查室内风机运转是否正常②检查回风是否堵塞③检查探头阻值是否正常可用嘴含住探头看阻值有无变化来判断探头的好坏，如有变化则正常，无变化则换探头④看内机有无结霜情况⑤氟利昂过少

续表

故障代码	处　理
E20	内盘管 2 过冷①检查室内风机运转是否正常②检查回风是否堵塞③检查探头阻值是否正常可用嘴含住探头看阻值有无变化来判断探头的好坏，如有变化则正常，无变化则换探头④看内机有无结霜情况⑤氟利昂过少
E21	室外机通风异常，检查连接线是否有松动
E22	室内机收不到线控器故障，检查连接线

注：需常用工具：万用表、钳形表、压力表、加氟管。

常规检查：室内机、室外外机各铜管管路不能摩擦，如有请调整间隙；清洗回风过滤网；清洗室外机翅。

图 3-142　空调机故障代码

通过查阅特灵故障表得知故障原因是压缩机高压保护。这个故障每次都在正午出现，再检查外机风机运行无问题后，判断可能是由于外界温度过高导致的高压保护停机。由于甲方规定大门必须朝西，这样每到正午时太阳正好直射到了 SCR 房空调外机上，虽然原来上部有遮阳板，但是没能将太阳全部挡住。用红外测温枪测量外机体表面温度达到 60℃。由于外机周边环境温度高导致散热不良，制冷剂压力增高，压缩机高压保护。

处理方法：在外机前方加装了遮阳板(图 3-143)，避免正午阳光的直射，降机机组温度。

图 3-143　SCR 房顶安装遮阳板

经验总结：随后在同样天气环境下，用红外测温枪量得中午时室外机表面温度 50℃，比先前测得的温度低了 10℃左右，并且再无出现先前的故障现象，直至今日这两台空调一直运行良好无问题。

电控房空调制冷效果的好坏直接关系着 SCR 电气传动系统的运行。在沙特这高温的地域里，平常室外温度就接近 65℃，所以必须加强空调的日常检查维护，例如定期清扫空调滤网、室外机冷凝器机翅除尘清洗以及内外机体所含电器元件沙尘的清理等，前期就发生过因沙尘过多致使电器元件接触器吸合不良而出现的电气故障问题。总之，坚决不能在空调不制冷时去查询故障，那样可能会给钻井生产带来非常严重的影响，必须做到防患于未然。

案例一〇八　特灵空调压缩机过热保护

钻机型号：ZJ70D

系统简介：兰石石油机械厂 2019 年 2 月制造，电控系统采用 ROSSHILL 直流调速系统，配备 4 个直流调速柜，晶闸管容量为 2000A。网电高压房(10/0.6)配备 2 台特灵风管送风式空调机组。

故障时间：2019 年 7 月

钻井工况：钻进作业

故障现象：高压房在正常施工中因空调系统报警(代码 E10)屋内温度异常高，进行复位开机正常使用，现场观察 20 分钟后又重复报警故障。

原因分析：高压房空调室外机靠近过车路面，夏天灰尘较大，距离泥浆石粉罐较近造成室外机散热片堵塞，引起压缩机过热保护。

处理办法：清洗室外翘片和室内滤网。

经验总结：空调室内机空气滤网脏会造成出风口风量小、室内机结霜等故障，室外机也需定期清理保证压缩机及散热片，及时降温延长空调使用寿命。

3.8　其他电气故障

案例一〇九　泥浆泵单芯电缆插头维修

钻机型号：ZJ70D

系统简介：钻机由兰石厂 2004 年 5 月制造。电控系统为新加坡西门子直流调速，系统配备 4 个发电机控制柜，3 个直流调速柜，可控硅容量为 1800A。

故障时间：2020 年 1 月 12 日

钻井工况：下钻

故障现象：电气工程师在巡回检查时发现 SCR 房接线仓 MP1AP 电连接器有发黑痕迹，拔下插头发现插头绝缘壳已经发热烧焦(图 3-144)。

原因分析：该钻机 1#泵、3#泵为宝鸡 F-1600HL 高压泵(50MPa)，2#泵为宝鸡 F-1600 低压泵(35MPa)，在四开钻进中泵压高、排量低，采用单泵打钻，但由于 3#泵上水管线较长，仅作为备用泵，1#泵的特点造成其运转时间较长且负荷较大，在运转时，电流通常在 750A 左右。由于长时间通过大电流，加之插接件接触不良，导致发热烧毁插件的绝缘外壳。

处理办法：由于现场无 1067A 型插针，只有 800A 型插针，但 800A 插针无法套入535mm电缆铜芯(图3-145)。将型号为DT300铜线鼻子锯开，铜管打磨后套入535mm电缆铜芯。去掉部分铜丝插入800A型插针，并用压线钳压接好插针(图3-146)。

图3-144 电连接器烧毁

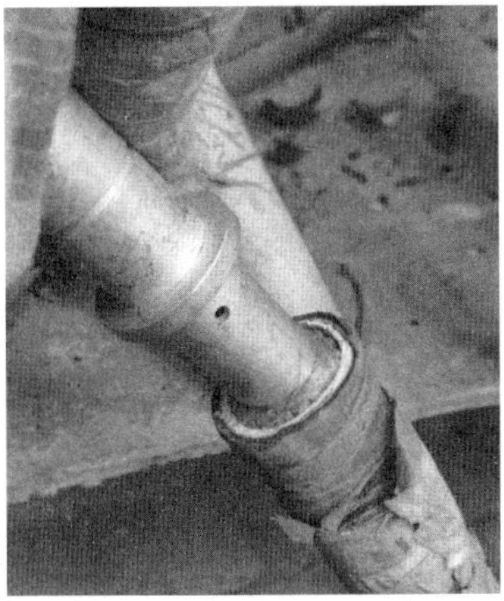

图3-145 800A型插针

窜动铜管，将铜管与插针、电缆铜芯压接好(图3-147)。安装插头(图3-148)。

经验总结：(1)由于插接件的自身原因容易出现接触不良的问题，在持续大电流时发热严重，需经常对其进行外观测温、测绝缘等检查。

(2)做好易损材料的储备。

图3-146 管包裹插针

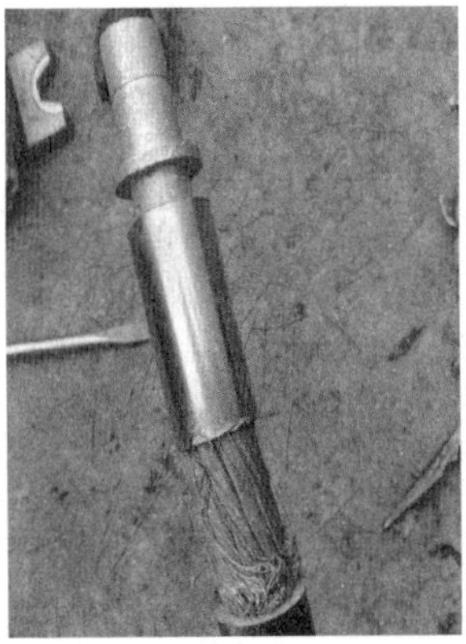

图3-147 压接铜管

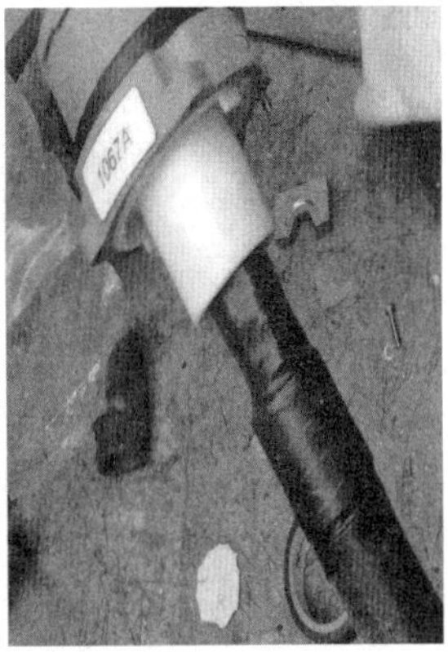

图3-148 安装防爆插头

案例一一O 视频监控画面消失故障排查

钻井型号：ZJ70DB

系统简介：ZJYP-4-2工业摄像监控系统由扬州大正2012年制造，系统由6

个 CMOS 高清摄像头组成，视频信号源为模拟视频信号。

故障时间：2017 年 4 月 10 日

钻井工况：正常钻进

故障现象：钻井监视系统多画面显示正常情况下，司钻按键盘“切换”键后，显示屏所有画面消失。

原因分析：键盘面板中心红色指示灯闪烁，操作云台能上下左右正常运转。钻井监视系统控制箱内涉及 220V AC、24V AC、15V AC、14V DC、12V DC、8V AC 六个电压等级的交直流电源。通过图纸分析，初步判断是控制板和分割器电路板 12V DC 开关电源、显示器 14V DC 开关电源故障，经开箱检查，这两个开关电源空载输出电压稳定，接上负载后电压降到 3～9V 且电压波动，将两个开关电源拆下后开盖检测，测得电源电路板上 C8、C9 两只电容损坏。

处理办法：更换两只同型号的新电容。用键盘操作监视系统各项功能正常，显示屏画面清晰。

经验总结：认真查看和熟悉图纸对快速解决问题帮助很大。

案例一一一　液压猫头控制故障

钻机型号：ZJ70D

系统简介：综合液压站为胜利钻井研究院 2018 年投产，液压猫头控制方式为电控液。

故障时间：2020 年 3 月 10 日

施工工况：起钻作业

故障现象：起钻用液压猫头拉 B 型钳拆卸钻铤，司钻发现旋转液压猫头控制旋钮无反应。

原因分析：打开司控台经测量发现无 24V 控制电源，拆开组合液压站配电箱测量 24V 开关电源输出正常，怀疑在搬家安装过程中，液压猫头防爆插头有虚接或损坏，拔下防爆插头发现有插针松动未卡好。

处理方法：处理插针重新插上后，液压猫头恢复正常。

经验总结：控制线路一般为弱电，采用的防爆插头的插针比较细，多次插拔后容易造成插针损坏，现场设备安装过程中要保证安装质量，安装完毕后要对设备进行运转测试。

案例一一二　钻井监视系统黑屏处置

钻机型号：ZJ70D

系统简介：SJJ 型工业监视仪是湖北江汉石油仪器仪表股份有限公司 2017 年

制造，四画面显示设计，主机内部装有画面分割板、摄像头控制板等(图 3-149)

故障时间：2020 年 3 月 27 日

钻井工况：钻进作业

故障现象：(1)打雷造成显示器黑屏。(2)重新上电后，显示无信号，随即黑屏。

图 3-149　监视器主机

原因分析：因打雷造成监视器过电压，损坏 PCB 板上的元件。

处理办法：(1) 检查主机箱。测量电源正常，拆下 PCB 板，目视无损坏。

(2) 测试分割板。因现场无备用分割板，所以跳过分割板，直接将摄像头与显示器的图像信号电缆连接。重新上电后，显示器不显示。还不能判断显示器、分割板哪个有问题。

(3) 测试显示器。用电视代替显示器，用 AV 线连接二层台摄像头图像信号电缆。上电后，电视机显示二层台图像(图 3-150)。分别测试另外三路摄像头，都有图像，且可以控制焦距及旋转，说明摄像头完好、控制板完好，监控显示器损坏。

图 3-150　单通道显示

(4) 重新测试分割板。恢复摄像头信号电缆的连接，将电视的 AV 线接在分割板显示器图像的输出端，上电后电视蓝屏无显示，说明分割板损坏。

(5) 由于准备起钻，司钻需要二层台画面，于是将电视放置于司钻房内临时使用(见图 3-151)。

(6) 联系生产厂家购买分割板和显示器板卡，货到以后更换。

图 3-151　安装电视临时代替

经验总结：(1)避雷措施不够完善，井架没有安装单独的避雷针，致使雷电的高电压损坏微电压设备。已建议安全部门安装避雷针。

(2)雷雨天气尽量关闭监控等低电压设备，避免烧毁。

案例一一三　寿力压风机启动电流过大故障排查

钻机型号：ZJ70D

系统简介：宝石公司 2009 年出厂，系统采用西安宝美生产的 70D 电控系统，主要由西门子 S7-300PLC、5 套 SCR 柜、4 套 GEN 柜、MCC 柜等组成。

主发电机为 4 台 1200kW 的 CAT3512B 发电机组，辅发为 400kW 的 Volvo，泥浆泵为 2 台永济 800kW 直流电机作为动力，绞车为 2 台 800kW 直流电机，转盘为 1 台 800kW 直流电机，顶驱为 VARCO-11SA 型顶驱。配备寿力压风机型号：LS12-50HH，公称容积流量：5.6m^3/min，主电机额定功率：37kW。

故障时间：2019 年 1 月 3 日

钻井工况：钻进作业

故障现象：1 号压风机启动时，主电机工作电流瞬间增大到 145A 左右，KM1 接触器相连的热继电器立刻动作保护，压风机无法正常工作。

原因分析：星-三角启动未成功或者电机轴承泵头损坏造成堵转。

(1) 检查压风机的供电电源，三相电源间都是 380V，电源确认正常。

(2) 检查电机，将电机接线从动力回路上拆接，测量三相线圈间的电阻和线圈绝缘性，都未发现异常。

(3) 启动压风机，由于启动时间较短，热继动作，很难发现 KM3 星型接触器的问题，多次检测，发现有时 KM3 未吸合，主接触器 KM1 不动作，主电机不启动(见图 3-152)。

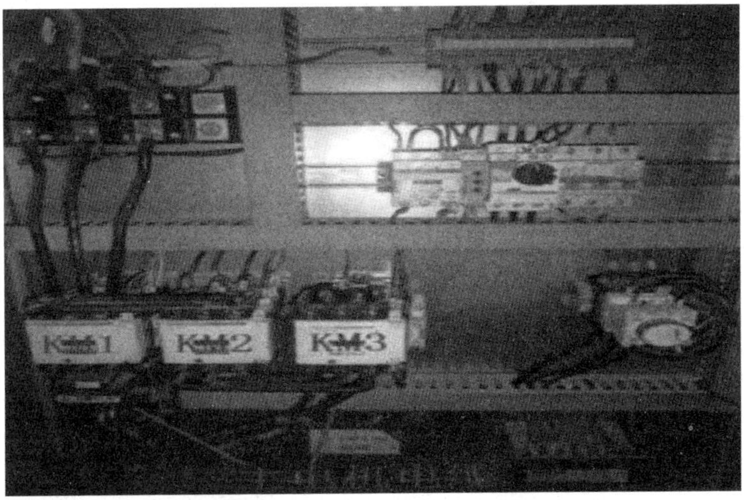

图 3-152　压风机电控箱内部图

（4）检查控制回路。测量风机接触器上的时间继电器的延时断开辅助触点，12 号与 40 号对地电压均为 110V，继续测量 13 号点启动时的电压，也是 110V，说明 KM3 接触器线圈的供电电源正常，KM3 控制回路正常。由于 KM3 不动作，42 号点对地无电压差，导致主电机无法启动；KM3 动作的时候，主接触器 KM1 吸合，启动电流过大。由此，判断为 KM3 接触器的问题，导致主电机不工作或启动电流过大（图 3-153）。

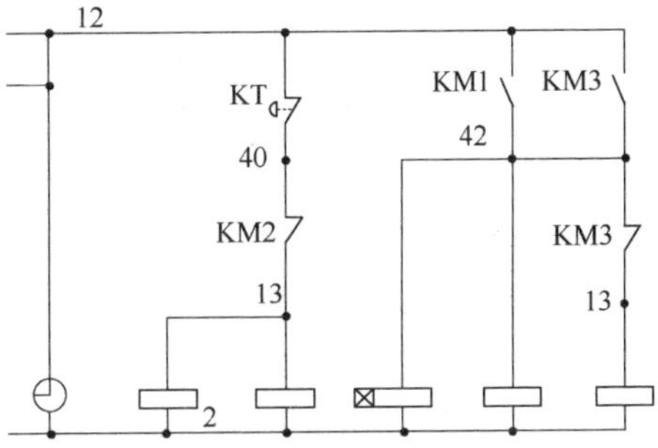

图 3-153　控制回路电路图

处理办法：断电锁定后，更换 KM3 接触器后，设备恢复正常工作（见图 3-154）。

经验总结：（1）由于当地风沙较大，接触器内难免积攒较多灰尘，接触器工作时发卡，导致 KM3 工作不稳定。

（2）由于接触器已经持续使用数年，KM3 接触器内触点氧化烧蚀严重，导致接触电阻过大，电机启动时，电机的供电存在一定程度的缺相，导致电机启动电流过大，热保护器动作，无法完成电机启动。

（3）关好配电箱的柜门，做好防砂防尘工作。

（4）定期检修动力回路的主接触器，延长接触器的使用时间，对工作不稳定的接触器，及时更换。

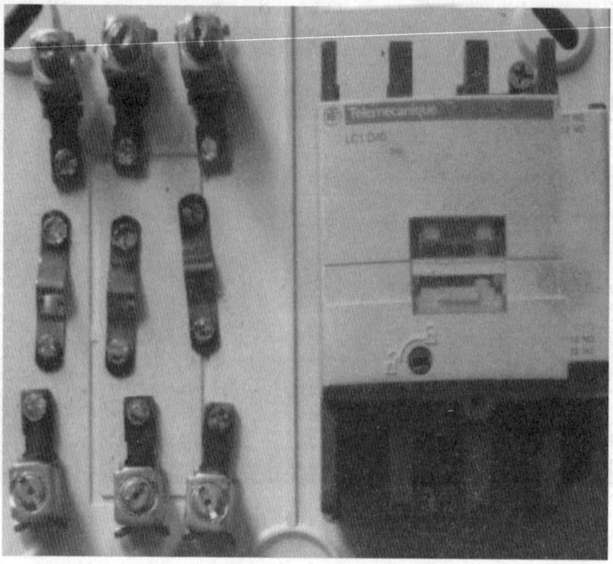

图 3-154　损坏的 KM3 接触器触点

案例一一四　寿力压风机故障检修

钻机型号：ZJ70D

系统简介：寿力压风机主要技术参数：型号寿力 WS3710AC，额定排气压力：1.0MPa，电机功率：37kW，频率：50Hz，电压：380V，额定转速：1470r/min。

故障时间：2020 年 5 月 16 日

钻井工况：钻进作业

故障现象：钻进中机房司机在进行倒换压风机过程中发现有一台寿力压风机，无法启动。

原因分析：操作屏幕上报风机过载故障、主机过载故障、急停故障。检查控制线路后，进行试启，发现主电机可以启动，但运转 30 s 左右再次停机。怀疑是主电机定子绕组绝缘问题，检查对地绝缘，绝缘值在 300 MΩ 以上，确认没有问题。再次检查相间绝缘，怀疑电机绕组断相。初步判断主电机绕组损坏，并向领导进行了汇报。

处理办法：（1）试启设备，故障现象没有变化。同时检测启动电流，发现启动电流偏大（300A 以上），由于电机的额定载流在 65A，怀疑是定子绕组问题。

（2）将电机连接电缆从继电器上拆下，分组测量各线圈对地绝缘值，均正常。测量相间阻值无穷大(普通的三相异步电动机的相间阻值是零)，通过查看电路图，发现主电机是星三角运转模式，定子三组线圈通过三组接触器完成星三角的转换。所以定子线圈在没有通过接触器连接前，相间阻值无穷大是正常的。遂确认主电机定子绕组没有问题。

（3）继续排查控制柜线路(见图 3-155)，发现 KM3 接触器触点有些接触不良，换上新接触器后进行启动，故障现象依然存在。

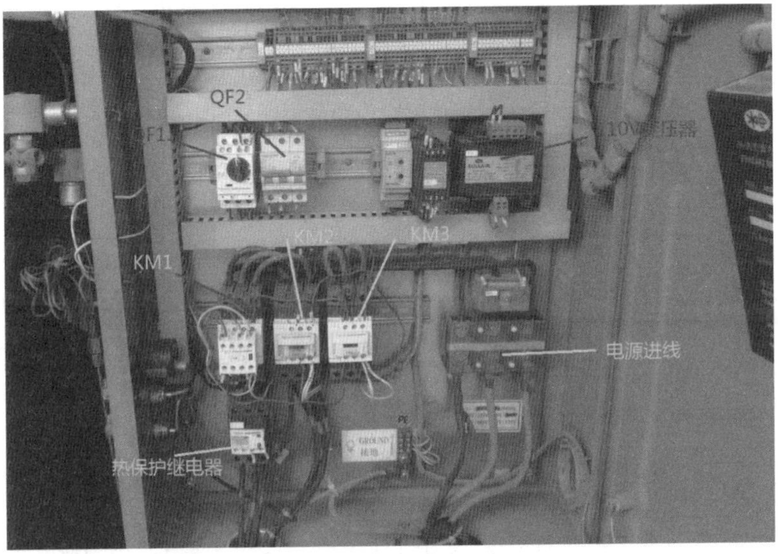

图 3-155　压风机控制柜内布局图

（4）检查 QF1 辅助触点 13、14 点显示断开状态(正常为闭合)，通过简单活动合闸手柄，状态恢复正常，通电测试后风机过载故障消除，遂确认风机过载故障是由这两点接触不良误报导致。

（5）检查 FR1 辅助触点 95、96 点显示断开状态(正常为闭合)，通过活动复位按钮，状态恢复正常，通电测试，主机过载故障消除，遂确认主机过载故障是由这两点接触不良误报导致。

（6）再次进行试启动，压风机仍然无法正常运转，但只报紧急停机故障。

（7）继续排查至 KM1 接触器，发现接触器的常开触点 53、54 点不能正常接通，83、84 点不能正常接通。更换新的常开触点后，进行启动，电机正常运转，压风机恢复正常运行。

经验总结：通过查看电路图(见图 3-156)：可以知道主电机的星三角模式转换是通过控制 KM1、KM2、KM3 这三个接触器的吸合状态来实现的。这三个接触器的控制信号主机电脑输出，首先，电脑屏幕启动按键按下后，通过电脑端子J1-7输出点(107)输出110V电压通过KM2接触器的常闭点，给接触器KM的线圈供电。KM1线圈得电后，接触器吸合，同时常开触点闭合，主电机绕组此时完成星行连接，并开始启动。这就是压风机的启动过程(见图3-156)。

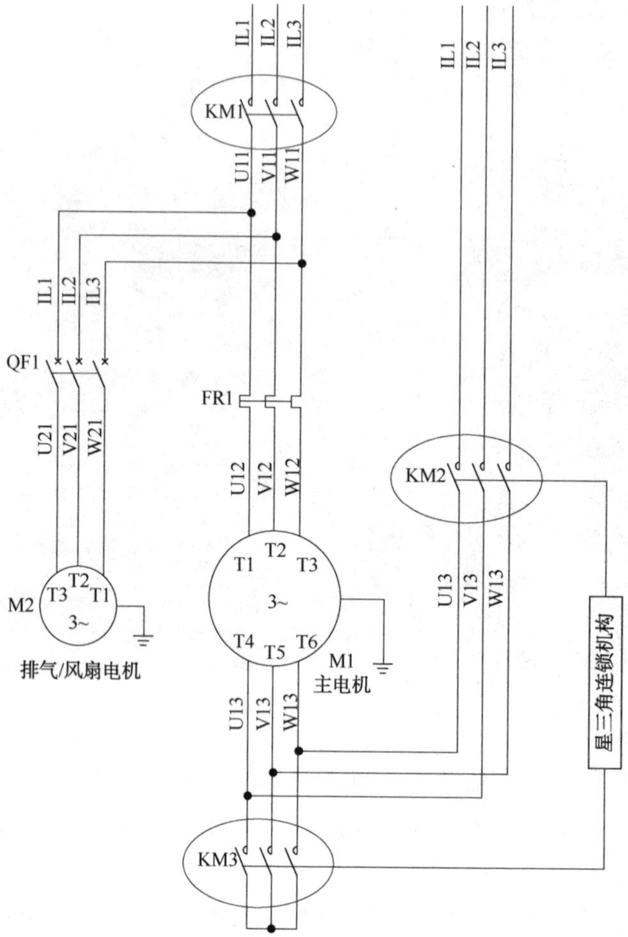

图3-156　电机接线图

启动完成后，压风机按照电脑程序控制，端子J1-7输出点电压变为0V，不再输出110V电压。此时KM3线圈失电，接触器断开，同时常闭触点闭合，KM2线圈得110V电压，KM2接触器吸合。主电机定子绕组由星形连接变为三角连接，压风机由启动模式变为运行模式。

在排查中发现由于KM1的辅助常开触点53、54点(图3-157)不能正常吸合，所以主电机在由星形连接变为三角连接运行模式时，KM1线圈无法得电，导致接触器无法吸合，电机无法正常运转。同时与KM1另一组常开触点83、84

点(图 3-158)相连的机组运行状态输入端 408，409 点(见图 3-159)也由于同样的原因无法闭合，导致电脑对机组运行状态判断错误，报停机故障。

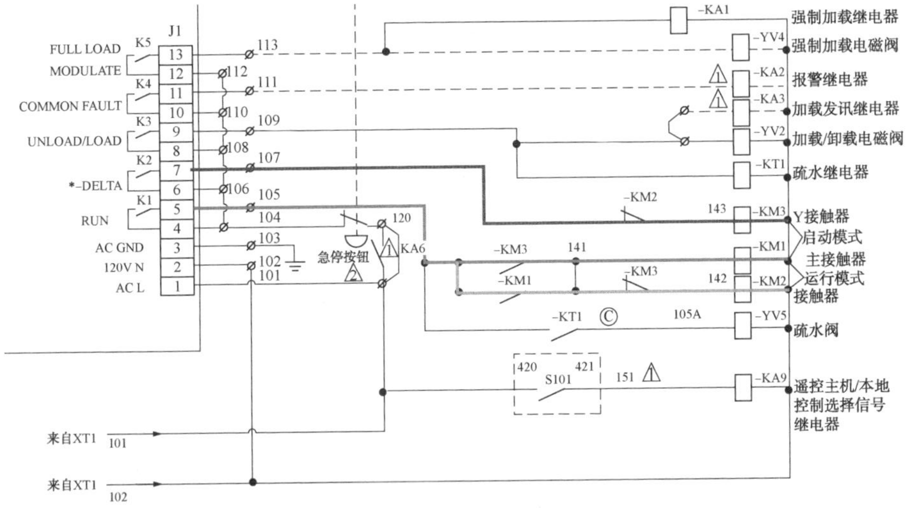

图 3-157　压风机控制原理图

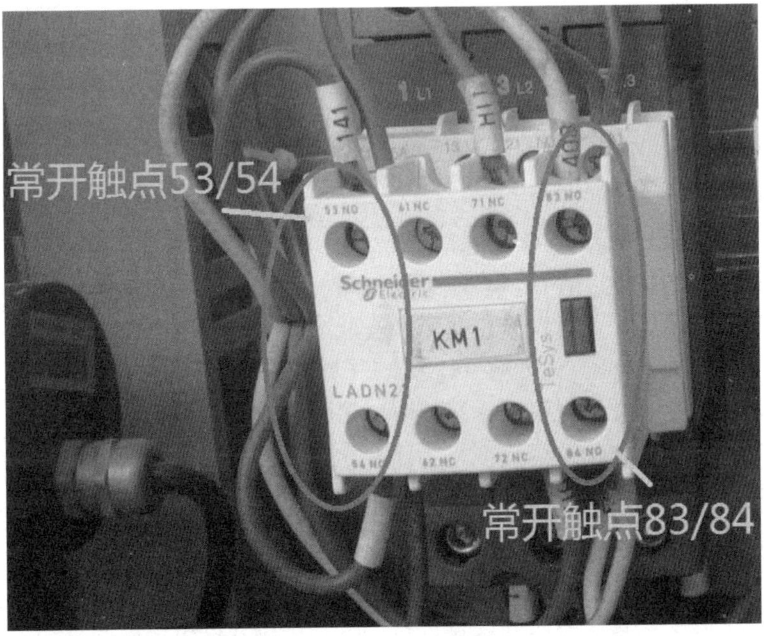

图 3-158　控制柜内接触器

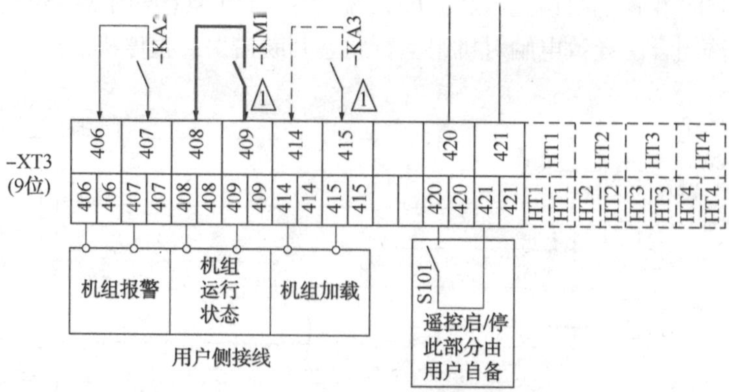

图 3-159　压风机控制原理图

结合电路图(见图 3-160)，在排查主机/风机过载故障时发现以下两个问题：

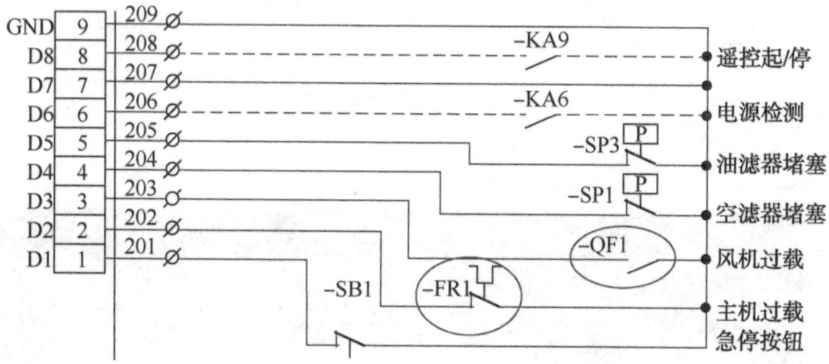

图 3-160　压风机控制原理图

(1) 发现风机断路器 QF1 辅助触点 13、14 点(图 3-161)接触不良，从而导致风机载故障的发生。在压风机正常运行时，该处辅助触点应为闭合状态。通过简单活动合闸手柄，使这两点恢复为闭合状态，消除了故障。

(2) 热继电器 FR1 辅助触 95、96 点(见图 3-162)接触不良，从而导致主机过载故障的发生。在压风机正常运行时，该处辅助触点应为闭合状态。这次通过简单活动复位按钮，使这两点恢复为闭合状态，消除了故障。

以后再出现类似故障，可用万用变欧姆挡在断电的条件下测量这几个点的通断状态，连通则正常，断开则系统显示风机或主机过载故障。

同时，在设备日常管理中要做好：

(1) 平时要认真学习研究设备资料，特别是相关设备控制原理图，真正做到理论与实践相结合。

(2) 平时认真维护设备，多清理、勤除尘，保证控制柜内清洁。

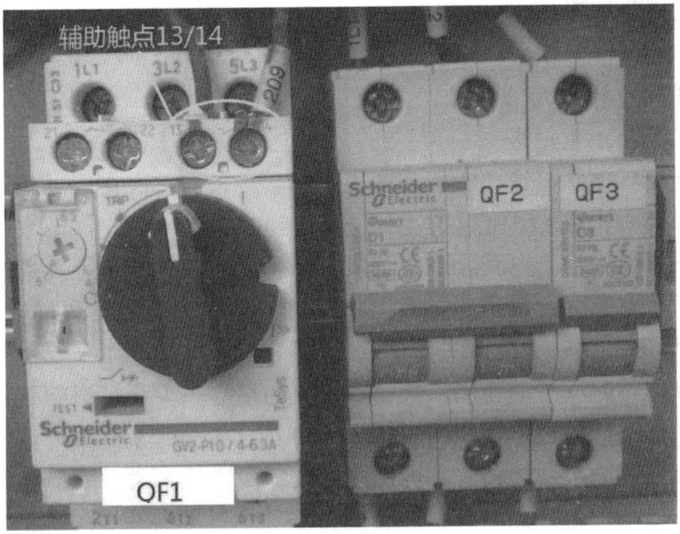

图 3-161　控制柜内断路器

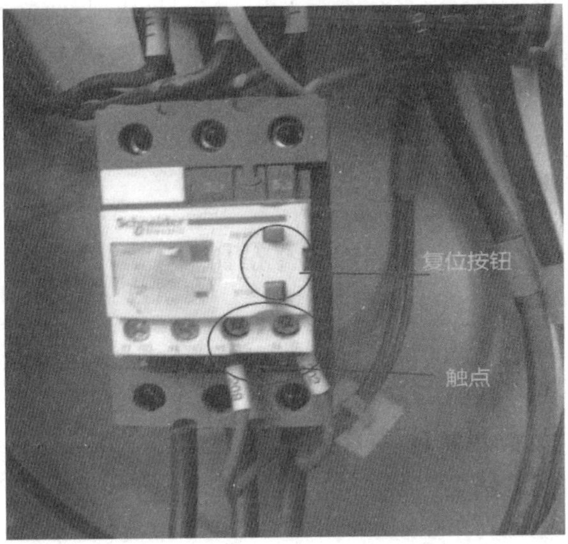

图 3-162　控制柜内热继电器

(3) 设备待机时对控制柜内各个开关点的状态，要勤检查，勤测量，早发现，早处理。

案例一一五　高速离心机过流故障处置

钻机型号：40LDB

系统简介：永吉公司 2018 年制造型号为 LW355-1250N 高速离心机转速

3200r/min，最大泥浆处理量 40m³/h，主机额定功率 37kW，辅机额定功率 7.5kW

故障时间：2019 年 4 月

钻井工况：正常钻进

故障现象：该队高速离心机为国内新配套设备，首次在现场使用，在进行调试中发现，离心机 37kW 主电机运行电流达到 322A，导致过流保护跳闸。

原因分析：经检查电路、电机都没有问题之后，判断是螺旋推进器发卡或者是滚筒与护罩摩擦，形成阻力导致电机过流。仔细排查后发现耦合器加油过多。LW355-1250N 高速离心机说明书介绍说“耦合器内油的作用主要是传递扭矩的介质，而不仅仅是起润滑的作用，耦合器内充油量的多少直接影响其传动特性。最大允许充油量不得超过总容积的 80%，否则耦合器就起不到缓冲电机启动冲击的作用，并且会使耦合器运转时腔内压力升高，液力损失大，容易渗漏和发热；最小充油量不得小于总容积的 50%，否则会使轴承得不到有效润滑，加速轴承磨损并产生噪声。”

处理方法：将耦合器内多余的油放出，使油量达到总容积的 65%，LW355-1250N 高速离心机工作正常，37kW 主电机运行电流为 70A，在额定电流以内。

经验总结：现场在使用不熟悉的设备时，应组织设备操作人员仔细阅读设备操作手册或产品说明书，严格按照要求加注润滑油脂，严格按照操作规程操作，防止因对设备不熟悉产生误操作损坏设备。

案例一一六　电磁涡流刹车故障

钻机型号：ZJ70D

系统简介：2004 年兰石厂生产 DS70 型水冷电磁涡流刹车，控制装置为西门子 6RA70 直流控制器。

故障时间：2020 年 9 月 3 日

钻井工况：起下钻

故障现象：电磁刹车控制手柄给定 3A 以上电流（正常为 0~70A），钻机滚筒就立刻停住。

原因分析：电磁刹车控制手柄电位器故障或电磁刹车控制柜内电器故障。

处理办法：(1) 检查绞车盘刹及轴承，工作钳、安全钳工作均正常，各轴承也转动正常。

(2) 检查控制系统。手柄给定从 0~100%，输出电流从 0~70A，电压 0~360V，均正常。

(3) 检查电磁刹车线圈。用数字万用表测量电阻 4~6Ω，拆开四组线圈引线分别测量，电阻 16~24Ω 变化。因磁场对测量进行干扰，测量的电阻值也正常。

（4）更换电磁刹车柜。为了排除电控故障，调来东营德惠机电生产的电磁刹车控制柜，更换以后，手柄刚一离开零位，显示 3A 电流绞车就刹住。还是和之前的故障现象一致。

（5）更换电磁刹车本体。经过检查和更换，排除了电控系统问题，造成电磁刹车卡住的原因应该是电磁刹车气隙有异物。由于多年使用，丝堵已经锈死打不开端盖，现场无法清理内部异物，所以决定更换。9 月 6 日，更换 DS70 风冷型电磁刹车，还是用原来的西门子 6RA70 直流控制器供电，电磁刹车运转正常。

经验总结：此台电磁刹车经过长时间使用，气隙（1～1.8mm）内存在铁屑，给定手柄通电后产生磁场，气隙内的铁屑就会悬浮起来，将定子和转子卡死。要加强日常保养，定期加注润滑脂，定期清理气隙，避免此类故障的发生。

案例一一七　井场零线对地线有电压故障案例

钻机型号：ZJ70DB

系统简介：西安宝德 2007 年 11 月制造，3 个整流柜，6 个逆变柜。

故障时间：2020 年 7 月 15 日

钻井工况：HRDH-562 井三开钻进

故障现象：下午 5 点突然发现井场电路零线对地有电压 140V 左右，火线对零线电压正常。井场营地的热水器全部跳闸。

原因分析：之前电路正常，突然发生零线带电首先考虑 5 点以后启动的用电设备，询问岗位人员发现除了照明灯外没有启动新的用电设备，井场工况没发生变化，因此首先检查井场照明电路，先不考虑线路问题，直接分区域检查照明灯，边检查边测量，之后发现井场营地的房顶照明灯其中一个触发器击穿。

处理方法：断电后更换新的触发器故障消除。

经验总结：（1）井场零线带电偶有发生，电动设备用电器数量繁多，检查时一定要有先有后，要有条理。

（2）变频房内接地指示正常时一般不考虑大负荷用电设备。

案例一一八　压风机高温停机故障

钻机型号：ZJ70DB

系统简介：机房配套 2 台 LS12-50HH 寿力压风机。

故障时间：2020 年 5 月 17 日

工况情况：ABQQ73 井六开

故障现象：2#压风机持续高温停机。

原因分析：一开始判断油气冷却器污堵，温度散发不出去。经过吹扫后，温度还是降不下来。后有判断压力调节器启动压力行程太小，压风机频繁启动，造成温度升高，但是还不是主要原因。后来用测温枪检查从主机到油气分离罐温度高达 110℃，而从节温器通往冷却器的油气管温度才 45℃，所以判断节温器损坏。更换新节温器后，压风机温度恢复正常，压缩机工作正常。

经验总结：判断时不要着急，顺藤摸瓜一点一点排除。造成高温的情况：一种是工作状态，频繁打气，造成高温；另一种就是节温器损坏造成的高温。下次再遇见这种情况，先用测温枪测节温器两个出口的温度，就可以判断出故障。

3.9 机械故障

案例一一九 景宏顶驱润滑油温度过高故障

钻机型号：ZJ70D

系统简介：大庆景宏钻采技术开发有限公司 2012 年制造，顶驱型号为 DQ70BS-JH，两台主电机额定功率 365kW/台，配备 PH-50 管子处理器，电控系统采用 ABB ACS800 单传变频器两台。

故障时间：2020 年 1 月 27 日

钻井工况：二开钻进作业

故障现象：1 月 27 日电气工程师巡检时发现 VFD 房内工控机显示顶驱润滑油温度较高，达到 53℃，初步怀疑润滑油变质或者滤芯污堵。1 月 30 日利用起下钻时间，更换润滑油及滤芯。1 月 31 日，下钻到底，开始钻进作业，工控机显示润滑油温度到达 63℃(见图 3-163)。2 月 1 日，开始对顶驱润滑系统检查，钻进时顶驱转速 60r/min，扭矩 12~18kN·m，不存在超负荷运转问题；检查润滑泵电机为正转；检查润滑油箱呼吸器，无堵塞情况；用测温枪检查齿轮箱温度 60℃，排除温度传感器故障；检查散热器进线管线温度 50℃，排除散热器三通关闭；打开一侧观察孔检查上油情况，压力正常润滑良好，发现油内有细微的铁屑，观察孔内铁板上有一层油泥和铁屑。怀疑齿轮磨损发热导致润滑油过热。为不耽误生产，在加强巡查的情况下继续使用(见图 3-164)。

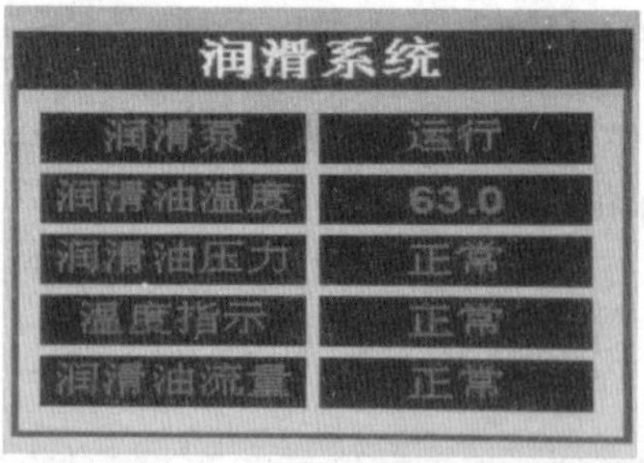

图 3-163 顶驱运行时润滑油温度

图 3-164 景宏顶驱齿轮箱

2月5日，利用下钻设备保养停顿时间，清洗齿轮箱沉积油泥和铁屑，但因油泥较厚无法彻底清洗干净，用柴油冲洗油底壳后重新更滑润滑油及滤芯继续下钻(见图3-165)。

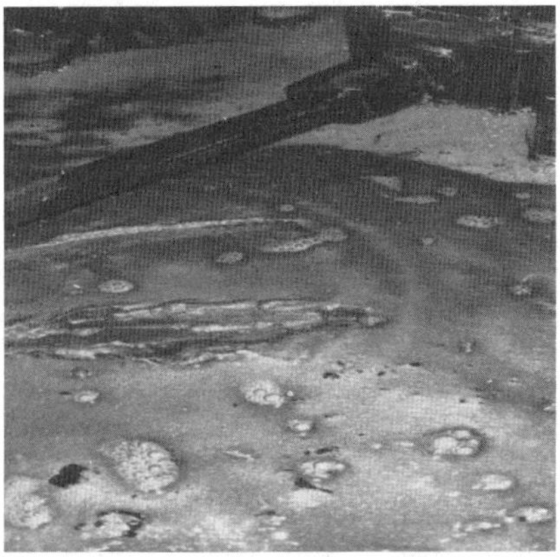

图3-165 现场清洗齿轮箱

2月6日4时下钻到底恢复钻进，顶驱运转1小时后润滑油温度31℃，2小时后润滑油温度41℃，4小时后润滑油温度45℃，8小时后润滑油温度51℃，12小时后润滑油温度55℃，16小时后润滑油温度58℃，20小时后润滑油温度60℃。

2月7日，顶驱连续运转24小时后润滑油温度60℃，运行时温度变化不大。

原因分析：主要原因是顶驱齿轮箱内齿轮磨损，存在偏磨或轴承间隙过大，齿轮磨损发热导致润滑油温度高。

齿轮箱油底壳内沉积油泥和铁屑多，柴油的悬浮能力较差，无法有效带出油泥和沉积的铁屑，而齿轮油悬浮能力较强，润滑时带起铁屑会堵塞滤芯，造成润滑压力不足，影响润滑效果(见图3-166)。

图3-166 景宏新齿轮箱示意图

处理办法：二开中完，让厂家检测一下齿轮间隙和判断具体润滑油温度高的原因，指导清洗油底壳。

经验总结：加强巡检，做好顶驱齿轮油以及液压油油品管理工作，定期清洁或更换滤清器，保证油路通畅。

案例一二〇　景宏顶驱旋转头不动作故障排查

钻机型号：ZJ70D

系统简介：大庆景宏钻采技术开发有限公司 2012 年制造，顶驱型号为 DQ70BS-JH，两台主电机额定功率 365kW/台，配备 PH-50 管子处理器，电控系统采用 ABB ACS800 单传变频器两台。

故障时间：2019 年 10 月 31 日

钻井工况：三开钻进作业

故障现象：正常钻进情况下，接立柱时发现液压系统故障，旋转头不动作，倾斜液缸操作时无论打到任何位置都是向后倾斜，且后倾到最高点持续 4s 左右自动复位，IBOP 和背钳工作正常，现场对液压泵、电磁阀、控制电路进行了检查，均正常，但是仍无法正常使用。

原因分析：景宏顶驱电磁阀组设计 IBOP（液动旋塞）是总控，IBOP 电磁阀油缸如果发生卡顿则其他阀组都无法动作，排除了 IBOP 原因后，重点查找倾斜阀组、回转头阀组原因，故障顶驱液压泵电机曾两次故障进行更换，液压泵泵头也存在问题，前期处理 IBOP 卡顿时发现更换液压油和滤芯时液压油内含有铁屑，判断本次故障同样因为回转头电磁阀组发生硬卡（见图 3-167 和图 3-168）。

处理办法：先对液压系统进行泄压，把液压油全部放掉拆回转头和倾斜液缸电磁阀组，拆下发现电磁阀组内有一条状铁屑造成电磁阀卡死（现场分析为液压泵泵头旋转部分铁屑），清理干净安装完毕后开机液压系统各功能运转正常。

经验总结：前期更换了液压油和滤芯，但是液压阀组系统内有部分含有杂质的液压油无法置换，咨询厂家后建议在时间允许情况下对电磁阀组及油路进行清理，对顶驱进行日常检查时液压系统检查都放在油位检查，要定期检查液压油的清洁度，定期更换滤芯，及时发现问题和及时排出隐患。

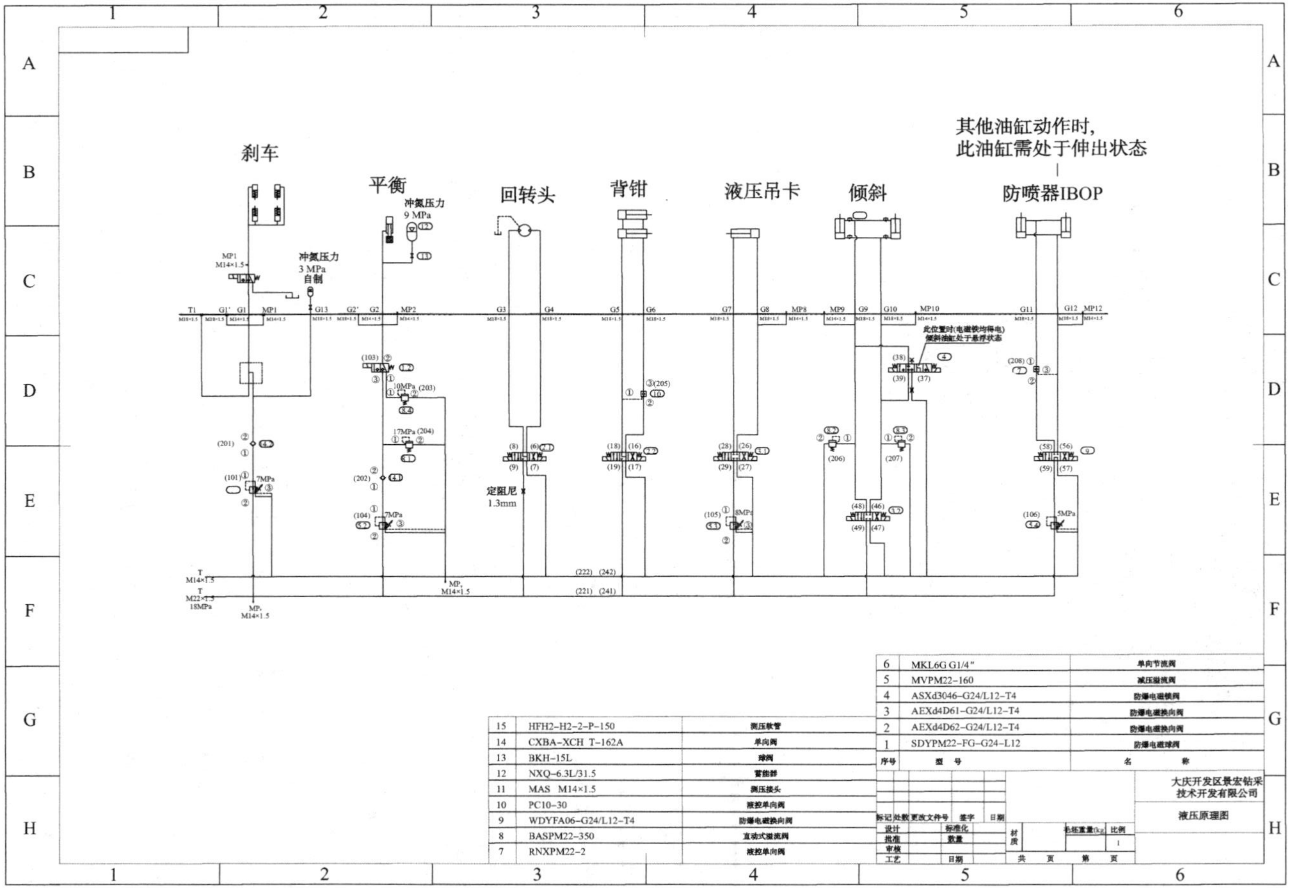

图3-167 液压系统原理图

图 3-168　回转头电磁阀

案例一二一　盘刹抱闸故障

钻机型号：ZJ70DB

系统简介：高原钻机 2011 年 12 月制造，配套普世科液压盘刹。

故障时间：2020 年 4 月 5 日

钻井工况：JLDI-747 井起钻

故障现象：三开完钻，实际井深 4989ft，起钻准备甩威德福定向 BHA。在起至 1694ft 时，突然盘刹工作钳(A 和 B)升至 0.8MPa 并抱死，安全钳压力回零并抱死，同时绞车自动停车，其他设备仍正常运转。

原因分析：立即排查原因，期间泵可正常工作，立即开泵循环。检查盘刹控制系统电压正常，继电器无损坏，急停开关无故障，初步判断故障在盘刹液压站电路。

检查盘刹液压站进气系统，常通气阀进气正常，之后连接的电控气急刹阀没有出气，判断故障原因为该急刹阀故障无法正常动作。

处理方法：更换新电控阀后给盘刹系统供电，同时启动绞车电机，工作钳压力回零，安全钳压力升至 0.8MPa，绞车可正常工作。经拆解更换下来的坏电控阀，发现阀芯已卡死，无法改变位置，从而导致电控阀无法通气。

经验总结：(1) 首先保证井下工况安全，尽可能保证检查故障期间其他设备正常。

(2) 工作钳安全钳都抱死，可以排除调压板、驻刹阀和工作钳电磁阀。

(3) 此次故障也应当检查司钻房下方的绞车盘刹电磁阀。该阀进出气管线为金属细管，可卸开丝扣检查进出气情况。

(4) 若更换急刹阀后仍无法解除故障，则应检查盘刹液压站进线端子处急刹阀有无电压，若无电压则可能进线有损坏，需进一步排查。

案例一二二　盘刹液压站1台泵达不到系统压力故障

钻机型号： ZJ70DB

系统简介： 盘刹液压站是标准的ZJ70电控盘刹系统，两台液压泵一用一备，带4个蓄能器，系统压力8MPa。

故障时间： 2019年3月15日

钻井工况： **UTMN-31井开钻前调试**

故障现象： 停1#泵、起动2#泵，系统压力最高3 MPa，不再升高。停2#泵、起动1#泵，系统压力能达到额定工作压力8 MPa。

原因分析： 首先怀疑2#柱塞泵电机是否反转，检查后电机转向正常。然后检查2#柱塞泵调压阀是否松动或调节不准，重新校正，仍然打不起压力。更换对调1#和2#柱塞泵调压阀，起动2#柱塞泵电机，系统压力还是2~3MPa。又分别检查进入球阀及管线和柱塞泵回油管线及球阀是否损坏堵塞，经检查后一切正常。怀疑是2#柱塞泵出了问题，更换新备用柱塞泵，安装好起动，还是打不起压力。最后单独试压，起动1#柱塞泵，关闭2#柱塞泵进油和回油球阀，起动后压力能升到系统工作压力。停1#，关闭1#柱塞泵进油和回油球阀。起动2#柱塞泵，结果系统压力也能达到正常工作压力。

2#柱塞泵是新安装的，出问题可能性小。关闭1#泵进油球阀，2#泵起动后层力正常。判断结果如下：用1#时，能达到系统压力。停1#后，柱塞泵内部密封不严、刺、或坏。当并联后，起动2#柱塞泵时，液压油经过1#柱塞泵柱塞，进油管线及球阀回到油箱，导致系统管线有回油，相当于回油畅通，所以压力起不来。当1#柱塞泵工作时，栓塞工作，阻断了部分回油，但能打压到系统压力。

解决方案： 更换1#栓塞泵后，系统恢复正常。

经验总结： 作为一名设备操作维修人员，针对关键性的设备设施要加强巡回检查，趁搬迁的机会检修，加强维护保养意识，降低问题出现率。吸取经验教训，一旦出现问题，也要能及时发现并尽快解决，确保生产平稳运行。

案例一二三　因联轴器造成的绞车下溜故障

钻机型号： ZJ70DB

系统简介： 由宝鸡石油机械厂生产的两台700kW变频电机，通过减速箱驱动绞车

故障时间： 2016年2月2日

钻井工况：起下钻

故障现象：在起下钻过程中，偶尔会出现绞车故障报警，报警后绞车液压盘刹紧急刹车，钻具下溜半米后刹住。

原因分析：钻具起到套管处进行处理，更换绞车编码器后还是偶尔会出现绞车报警、盘刹自动刹车钻具下溜半米刹车的现象。排除绞车编码器故障后，使用单电机运转，情况正常没有报警，判断绞车两个绞车电机不同步，可能是联轴器的问题。拆开绞车左边联轴器连接螺丝，发现联轴器上水平度和同轴度偏大，内齿圈也磨损严重，需要更换并矫正联轴器。

处理结果：更换新的联轴器并调整联轴器水平度和同轴度在规定范围内；启动绞车正常运转，起下钻和其他工况下再没有出现电机报警，造成钻具下溜现象。

经验总结：绞车电机故障报警不能只从电气故障考虑，同时还要考虑机械方面的问题，尽量同时排查。绞车联轴器内齿磨损或者同轴度偏差都会造成绞车电机的不同步，电机故障报警。沙特气温较高风沙较大，特别要加强保养并保证润滑油脂的清洁。风沙大时保养要做好防护风沙的措施。绞车运转一段时间后要对联轴器的水平度和同轴度进行校正，减少磨损，防患于未然。

参 考 文 献

[1] 刘勇．相同风速功率下两种风电机组响应电网短路故障的对比分析[J]．电力系统保护与控制，2015，43(23)：28-34.

[2] 祝洪宇，胡静涛，高雷，黄昊．基于变频器供电侧电流 Hilbert 解调制方法的空载电机转子断条故障诊断[J]．仪器仪表学报，2014，35(01)：140-147.

[3] 张涛，刘玲，张新燕，王维庆，胡立锦．基于神经网络的风力发电机变频器故障诊断研究[J]．华东电力，2013，41(06)：1161-1165.

[4] 李联中，孟祥卿，雷耿．电动钻机电气控制系统故障排除浅述[J]．机械研究与应用，2006，第 3 期：81-86.

[5] 孟祥卿，蒋华东．电驱动石油钻机电气技术[M]．北京：石油工业出版社，2015.

[6] 孟祥卿，李循迹．钻机高架油罐油位显示与自动供油装置的研制[J]．石油矿场机械，2008，37(3)：86-88.

[7] 要振国．井下钻机电液远程控制系统设计[J]．机电工程技术，2020，49(10)：213-214+246.

[8] 张奇志．电动钻机自动化技术[M]．北京：石油工业出版社，2011.

[9] 新编实用电工手册[M]．北京：化学工业出版社，2017.

[10] 汪文忠．深度掌握工业电路板维修技术[M]．北京：化学工业出版社，2010.

[11] 李超，郭坤等，直驱顶驱钻机电控系统用编码器常见故障的诊断方法[J]．地质装备，2019，1：24-25.

[12] 祁诺．石油钻机西门子变频器常见故障探讨[J]．中国设备工程，2021，12：28-30.